U0754464

心智突围

优势成长的内在思维模式

李默成 著

台海出版社

图书在版编目（CIP）数据

心智突围 / 李默成著. —北京：台海出版社，
2020.6

  ISBN 978-7-5168-2605-8

Ⅰ.①心… Ⅱ.①李… Ⅲ.①成功心理－青年读物
Ⅳ.①B848.4-49

中国版本图书馆CIP数据核字(2020)第086298号

心智突围

著　　者：李默成			
出 版 人：蔡　旭		封面设计：李　一	
责任编辑：员晓博			

出版发行：台海出版社

地　　址：北京市东城区景山东街20号　邮政编码：100009

电　　话：010-64041652（发行，邮购）

传　　真：010-84045799（总编室）

网　　址：www.taimeng.org.cn/thcbs/default.htm

E-mail：thcbs@126.com

经　　销：全国各地新华书店

印　　刷：三河市天润建兴印务有限公司

本书如有破损、缺页、装订错误，请与本社联系调换

开　　本：880毫米×1230毫米　1/32	
字　　数：170千字	印　张：8.5
版　　次：2020年6月第1版	印　次：2020年6月第1次印刷
书　　号：ISBN 978-7-5168-2605-8	
定　　价：45.00元	

前　言

"我报了那么多网课，学习了好多'干货'，为什么一切还是老样子？"

"我真的已经很努力了，为什么老板就是看不到？"

"我尝试了各种方法，为什么还是不能解决问题？"

……

想必你也有过类似的困惑，仿佛不管怎么用力都只是在原地打转。更仿佛是拼尽全力的拳头一下砸在棉花上，收不到一点积极的回应。当绝望、无助一点点淹上来，无数次想过就这样放弃，但又不甘心。

其实，每个人内心都有对自己、别人，以及周围世界的一个认知，并深受习惯思维、定式思维、已有知识的局限。这在心理学上被称为心智模式，或者心智模型。有时候，我们一直看不到转机，无法突破，并不是因为我们不够努力，不够聪明，而是因为我们从一开始就站错了地方。简单说，就是我们被自己的心智模式蒙蔽了，或者说限制了。

要改变自己，突破困局，实现阶层的攀升，必须先实现心智突围。心智突围不是一个虚无缥缈的概念，它是一种难得的生活态度及思维方式。

"心智突围"最早应用于心理学领域，开始只是为了帮助人们突破自身的一些障碍，解决心理层面的问题。随着心理学的广泛应用，心智突围逐渐在市场体系出现，帮助人们在职场晋升、人际交往等多个领域逐渐发挥更重要的作用。

在更深入了解心智突围之前，我们先来了解一个同样重要的概念，就是认知。认知就是人们获得知识、应用知识的过程，或信息加工的过程。这个过程包括感觉、知觉、记忆、思维、想象和语言等。美国心理学家 J.H. 弗拉维尔又把对这些认知活动本身的再感知、再记忆、再思维称为元认知。

大脑不断进行认知活动，即通过对外界输入信息的加工学习，得出自己的看法和观点，最终形成一套自己的认知模式。比如，小时候，我们看到一个人满脸横肉，眼神凶狠，就认定其为坏人。相反，一个人慈眉善目，眼神温和，就觉得是好人。再比如，我们出门总是忘记带伞，结果常常被雨淋，就认为下雨是令人讨厌的事。所有和我们对这个事物的看法有关的，都可以说是我们对这个事物的认知。

这一个个我们对事物的认知，就组建成了我们的心智模式。所以，我们想要一开始就改变我们的心智模式是不现实的，我们需要一步步地修正我们的认知，慢慢才能撬动我们的心智模式，才能让我们的心智模式越来越接近现实世界。

心智突围的关键在于，我们首先要对自己有一个明确的认知。对自己的认知，最重要的是认识到优势比努力更能决定自己的人生走势。

很多人从未思考过自己的天赋是什么，优势又在哪里？我们只是被现实裹挟着，在迷茫中度过一天又一天。也曾自问：是我的能力不如人吗？还是我不够努力？

为什么付出了同样的精力、时间，却得不到自己想要的？问题的根源就在于我们总想弥补短板的错误认知。因为从读书的时候开始，我们就被要求不要偏科。为了不影响总分，我们疯狂弥补自己的弱势科目。工作后，我们依然受这种思维的限制，唯恐自己的人生被自己的弱项搞砸。于是，哪里有弱点，我们的力量就被牵引到哪里。性格内向，就拼命假装外向；不善言辞，就去报各种语言培训班。当我们耗费大量精力和时间去弥补短板的时候，我们的长板也因为缺少优化而泯然众人矣。

只有正确认识自己，才能不被自己的劣势束缚，才能聚焦最擅长的领域，长期积累，借助优势成长让自己闪闪发光。

其次，心智突围的关键还在于对问题有一个全面客观的认知，而不仅仅局限于一个视角，或者一个高度。只有这样，才能透过现象看本质，才能把问题进行重组、分析。常见用法有"重建认知""认知迭代""认知突围"与"认知升级"。在不断对自己思维洗牌的过程中，认知就能得到升级和突围。

再次，心智突围最关键的一点是我们对事物的认知。同样一件事，看待的态度不同，得出的结论也截然不同。比如，当我们认定过了30岁，就失去了学习的最佳时间，就没资本再折腾了。那么，我们注定再也不会成长，更无可能突破人生的平庸。

　　唯有突破心智这道屏障，我们才能打破人生的旧格局，创造属于自己的奇迹，成为优秀的少数派。

　　本书分别从自我认知、努力认知、知识认知、行动认知、成长认知等多个方面，帮我们进行知识架构梳理、思维架构重组，让我们跳出原来的观天之井，看到更为广阔的天地。

　　翻开本书，愿你看见命运的转机，看到重塑认知思维后不断成长的全新的自己。

目录 | CONTENTS

05 Part 丢掉侥幸和幻想，刻意练习

06 Part 优势升级 深度学习完成自我迭代

Part 07 成长障碍，
你正在废掉的 6 个迹象

Part 08 自律，
让精进成为一种习惯

09 Part 拒绝拖延，
在行动中增长智慧

10 Part 终身成长，
资质平平也能逆袭未来

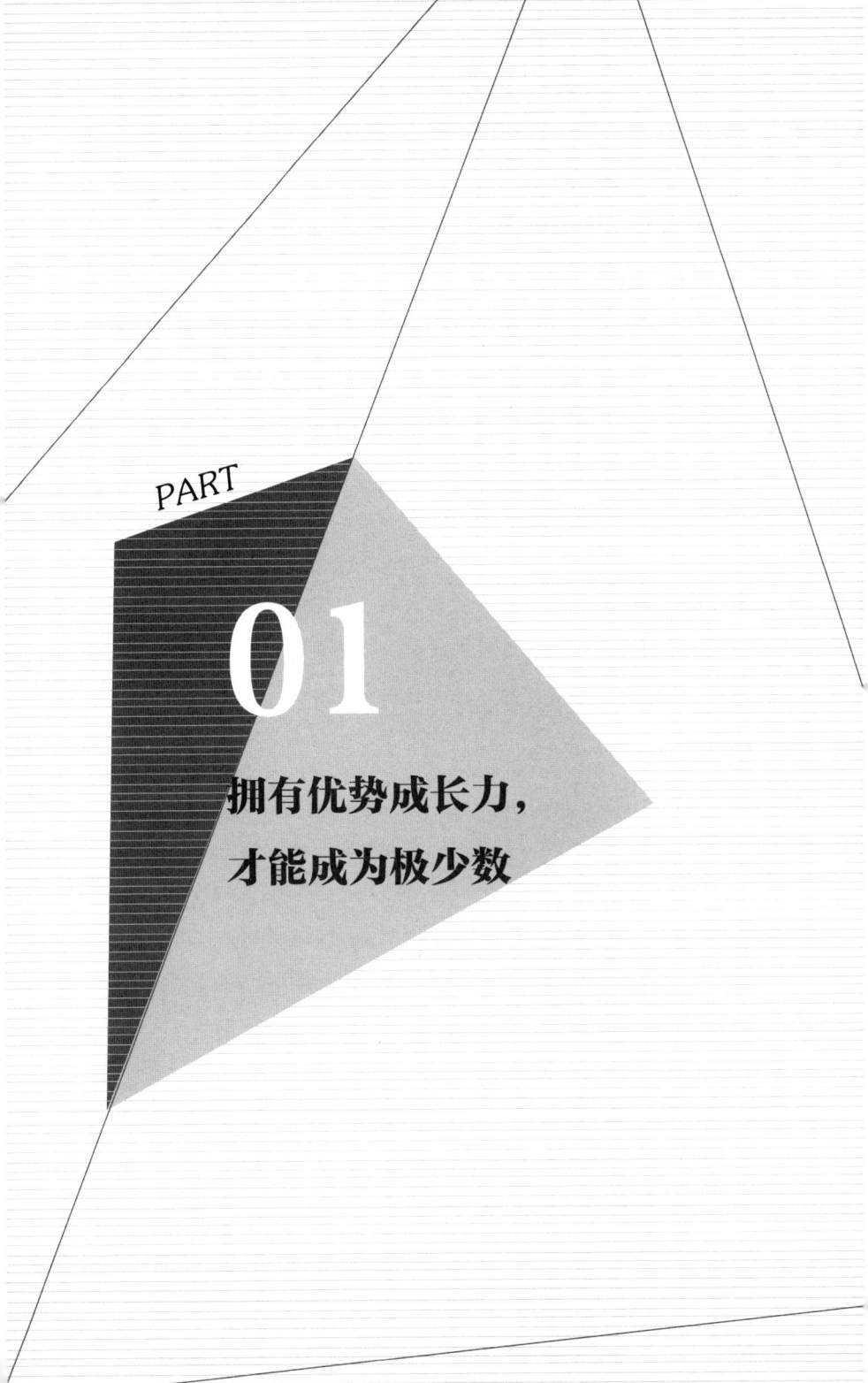

PART

01

拥有优势成长力，
才能成为极少数

1/ 成为平庸的大多数，
是因为你一直在努力弥补短板

_____

　　每一个人一定都有着独特的天赋。公司雇佣一名员工是因为他的长板，后期考核的也是他的长板。只要短板不会严重拖后腿，乃至影响长板发挥效益，就不必在短板上花费太大力气。千万不要为了弥补短板榨干了自己，让自己吃亏，要知道任何人再怎么拼命或许只可能达到平庸的水平。

　　很多人遇到的问题是：不为自己的优点欣喜，却喜欢跟自己的弱点死磕。比如，一个团队管理者致力于提升自己不够突出的互联网技术；一个新媒体作者逼着自己去研究文言文写作；一个演讲者全力以赴地去弥补自身字写得丑的弱项……就算入职数年，仍然在忙着纠错和弥补不足。

　　之所以发生这种情况，很大程度是因为我们一直生活在强调"补差"的文化中。在家，父母每天都在帮我们找毛病去改正，以向隔壁的小明看齐；在学校，我们被教导必须德智体美劳全面发展，成为三好学生、十佳少年。

当然，在学生时代，在某一门考试科目上太弱，的确会拉低考试总分。但是，当我们步入大学走上社会后，渐渐就会发现，拥有一项突出的才能对个人的发展更为重要，哪怕只有一项突出的才能。

只是我们已经习惯了这种补差文化，以至于进入社会后，我们总是担心自己某方面的能力不够。我们开始努力训练自己成为公司的多面手，甚至为自己是职场万能砖而窃喜。

这种做法有一个最有力的支持，就是"木桶理论"，即一个木桶能装多少水，取决于最短的那块木板。这让我们愈加坚信，必须弥补自己的弱项，才能实现变得更为优秀的自己的目标。

但这么做的结果，会导致我们变成一茬茬被剪得整整齐齐的韭菜，淹没在平庸的大多数人里。

吴晴性格内向沉默，很不擅长表达。从入职这家公司起，不断有好心人特意跑来劝说她，"混职场放不开可不行""你老是不说话，看起来太不合群了"……

吴晴下决心改变，于是她买了一大堆人际沟通方面的书，废寝忘食地读起来。她还买了很多笔记本，有了心得就及时用笔记录下来。除此之外，吴晴还在知乎live、喜马拉雅、得到等App上订购了很多社交技巧方面的课程，一有空就戴上耳机学习。

为了更快地提升自己，吴晴不断逼迫自己开口与人交流，效果却不是很好。聚餐的时候，明明大家聊得很开心，她来了一句不合时宜的玩笑，气氛骤然间冷了下来。团队合作的时候，大家热烈地讨论着方案的每个流程，吴晴不断插嘴，却又提不出什么建设性的意见……

要认清的是，我们拼命去弥补的并不是致命的弱点。寻找弱点去弥补人生遗憾，根本无法让你实现"从平凡到卓越"的目标，你要做的是扬长避短。

首先，你只能给自己三次失败的机会。如果你在做一件事的时候频频受挫，不妨先停下来，回顾过往努力的过程，整理思绪、总结经验，开始思索这件事是不是你的弱项？是否该尽早放弃？再给自己三次尝试的机会，试图想出新的方法去解决它。如果这三次尝试无一例外地失败，说明你真的很不擅长做这样的事情，这时候你需要做的是及时放弃。当然，对于那些极有可能产生严重后果的事情，我们必须及时撒手，千万不要抱着侥幸的心理继续尝试。

其次，避开让自己缺点暴露无遗的场合。如果有些场合实在不适合发挥你的长处，反而将你的短处暴露得淋漓尽致，硬着头皮参加不如巧妙地避开。比如，如果你是一位笨口拙舌的自由撰稿人，与其逼迫自己去参加一些需要应酬的场合，不如将时间节省下来多写出几篇优秀的稿子。遇到一些文学性活动，却可以积极参加，比如读书活动、剧本征集大赛、主题征文比赛等。

另外，你最好能另辟蹊径，找到自己和别人不一样的地方。与其费尽心思地弥补短板，不如透过自己的短板看到自己和别人不一样的地方，并以此大做文章。如果你表达能力差，不妨树立一个惜字如金的理想人设。

在大家寒暄，讨论得正热闹的时候，保持独立的思考至关重要。关键时刻，你抛出一个独特的见解，或一个充满高级感的幽默段子，会换来大家欣赏的目光。千万不要鹦鹉学舌似的频频插嘴，惹人厌烦。

无论是生活还是工作中，我们在自己的劣势上硬拼，只会产生事倍功半的负面效果。如果你让弥补缺点成为自己一生的追求，或许这一生你都难以做出更大的成就。

2/ 为什么说在互联网时代,
短板理论过时了

对于现今社会的精英来说,他们没必要做到面面俱到。只因人的精力是有限的,那些所谓的"全才"们,有可能是哪一方面都了解一点,却并不深入。在互联网时代,只要拥有独一无二的优势,你完全可以借助外界的资源和力量发展自己。

在合作成本比较高的时代,不管是一个企业还是一个人,唯有实现全能,没有明显的劣势,才能获得发展。所以,我们必须遵循短板理论去弥补自己的劣势。

在全球互联网化的今天,专业的细分让我们无法补齐所有短板,但互联网促使信息流通加速,使得合作的成本变得越来越低。于是,短板理论破产,长板理论取而代之。

当你将木桶向最长的木板倾斜放置时,会发现能决定木桶容量的其实是最长的那块板。也就是说，只要你有一个足够的长板，就可以通过合作的方式补齐自己的短板。现代很多经理人采用的就是"自己＋助理＋外脑＋导师"的工作方式。

而且，随着现代社会分工越来越明晰，某个全能型人才多出来的其他能力，相比团队成员各自施展优势、分工合作来说，只是下位替代而已。多个专才的分工协作才是最优选择。

个人的核心竞争力在于某项能力的独特性和不可替代性。想要成为行业的顶尖大师，必须全神贯注、格外专注，在一件事上投入所有的时间和精力。相对于全能型人才来说，专业型人才更符合这个时代的需求，更能应对当下愈发残酷的社会竞争。

互联网时代，职业的发展方向一定是精耕细作，单单保持优秀是远远不够的。很多职场精英给自己的能力定位是"一专多能零缺陷"。"一专"指的是让自己拥有一项无可取代的专业技能；"多能"指的是至少拥有几项搭配互补使用的才能。想要达到"零缺陷"，就要通过资源整合、分工协作的方式，弥补自己的缺点。

那么，在互联网时代，如何整合人脉资源？首先，你可以利用微信群来聚焦资源。微信群具备分享、讨论、即时对话的功能。建立一个小小的微信群，便能将各行各业的人才聚集在一起，随时随地沟通并交流经验。

其次，你可以通过沙龙活动来联络感情。对于微信群里的那些志同道合的朋友，你完全可以通过组建线下沙龙等活动与他们进行零距离交谈。大家面对面交谈的时候，彼此的感情会在肢体语言、面目表情所带来的真实感受中逐渐升温。

再次，你可以多多参加公益活动。很多白领白天上班压力大，个人时间少。工作多年后，他们始终无法在本职工作上取得更华丽的突破。于是，很多人选择在周末的时候参加公益活动，以此来挖掘自身潜力，获得久违的成就感。借助这个机会，我们亦能从中发掘颇有价值的人脉资源。

另外，你可以参加微信公众号的互动活动。关注一些高质量的微信订阅号、服务号，不久你会发现，这些平台会定期组织一些活动，比如微信互动交流、抽奖、问答等，除此以外，平台上也会定时发布一些信息。所以，我们完全可以借助微信公众号等交互平台寻找合适的信息和资源。

最后，你可以利用网络平台外包工作。一些年轻人选择辞职开网店，但很多功能和工作他们是无法兼顾的。比如，网店美工及效果推广图设计等工作极其耗费时间和精力，不如通过一些网络平台将这些工作外包出去。比如，有个名为"威客网"的网站可以帮我们完成一些网络基本工作。如果我们缺乏相关运营资源，还可以去寻求专业云计算提供商的帮助。

你不必为你的短板发愁，只要你的长板足够突出，这一切都不是问题。因为在互联网时代，渠道是多元化的，我们只需要专注于自身优势。如果你非要完成"全面提升"这一目标，只会流失更多的优势竞争力，最终得到一个各方面实力平平却被其他人所取代的结局。

3/ 把优势放大的人
都成了人生赢家

很多人习惯用放大镜去看待自己的缺点。可是，在与自身缺点做斗争的过程中，他们往往会被打击得体无完肤。与其过多地关注缺点，不如将注意力转移到自我的优势上，竭尽所能地去挖掘自己的潜力，将一个个闪光点变成自己独一无二的核心竞争力。

发挥优势的过程是一个充满惊喜、不断自我肯定的过程，你的自信心与日俱增。如果你一股脑儿地放大自己的缺点，自信一开始就备受打击，就算有天赋也可能被自卑淹没。如果你能竭尽全力放大优势，反而能起到扬长避短的效果。

斯坦福大学的心理学家阿尔伯特·班杜拉提出一个"精熟体验"的概念。意思是，如果一个人在处理某项任务的过程中表现很好且全程高效，他心中会弥漫着一股成就感和莫名的幸福感。而这种感觉反过来又会激励他越发投入、努力，这就形成了良性循环。

当我们忽略缺点，尽全力去挖掘自我优势的时候，高涨的自信心一定会带领我们反复经历这种完整体验，很快，我们便能脱胎换骨，收获一个全新的自己。管理学家曾格和福克曼曾以2.5万名领导者作为研究对象进行了一番调查，最后发现，当这些领导者致力于突出三五项优势的时候，他们慢慢就会成为组织中的顶级领导者。

想要放大自己的优势，就要先得找到自身的优势。问问自己擅长什么，而不是喜欢什么，要知道感兴趣的事情并不一定是你擅长的领域。想要将自身的优势发扬光大，首先需要确保你的优势是有一定的市场需求并能够持续性经营的，比如写作、咨询顾问等。如果是那种重复性的、替代性极高的工种，并不值得你花费太多精力去挖掘与深入。

首先，通过一系列问题，让你的优势"浮出水面"。问自己以下问题，一边思索一边记录下答案：

人生哪些瞬间，让你觉得成就感很强？

遭遇人生低谷的时候，是什么支撑你走出来？

别人请教你哪种类型的问题，你会觉得兴奋？

有什么东西频频出现在你生命的每一个阶段？

你最难割舍的是什么？

什么事情让你放弃休息也要全神贯注地投入其中？

你做什么事情时喜欢拖延？

其次，你可以参考别人对你的评价。很多人确实不知道自己究竟擅长做什么，这时候，不妨向周边的亲人或亲近的朋友寻求意见。你可以抽时间问问他们以下这些问题："你觉得我是一个什么样的人？""我在哪些方面做得很到位？""我有过表现出色，让你印象深刻的时候吗？"仔细思索他们的回答，出现频率最高的那几个词可以参考。

再次，你可以利用特殊工具来找到自己的优势。比如，24种积极人格测试(VIA)。它被称为"优势识别器"，是《积极心理学》一书大力推荐的心理测试。一共240道题，24种人格力量。你可以通过它测试出属于你的人格力量，并加以培养和应用。

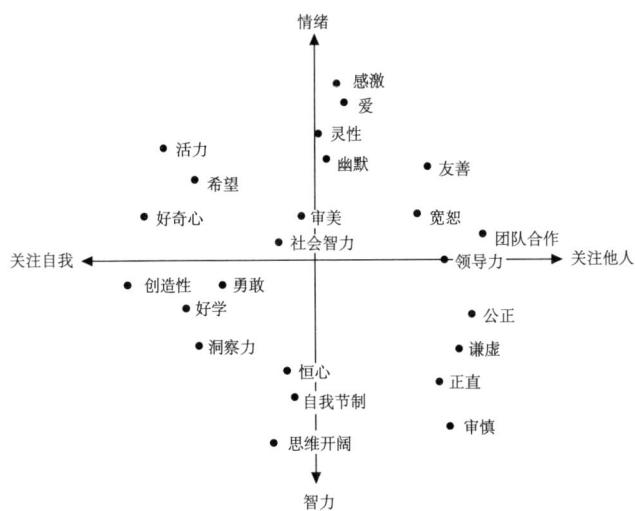

彼得·德鲁克在其著作《21世纪的管理挑战》中如此建议道：一个人要有所作为，只能靠发挥自己的长处，从事自己不擅长的工作是无法取得成就的，更不用说那些自己根本办不到的事情了。最重要的是，专注于你的长处并加强你的长处。发现自己的长处，关注自己的长处，放大自己的长处，才能有更大的概率去获取成功。

4/ 月薪5000 和50000之间的距离
是个人品牌

打造个人品牌其实与打造产品或企业的品牌是一回事，我们要给别人反馈同一种积极的信号，主动挑战自我，久而久之，自然就形成了个人独特而又鲜明的品牌。

美国管理学家彼得斯的一句话被人们广为引用：21 世纪的工作法则就是建立个人品牌。为了在激烈的职场竞争中立于不败之地，我们必须塑造自己独特的个人品牌。你要深刻地认识到：从默默无闻的透明人到拥有鲜明个人品牌的职场精英的距离，是月薪 5000 到月薪 50000 的距离。后者无论是在身价、收入还是品牌影响力上都远远胜过前者。

什么是品牌？管理学家宋博士解释说："个人品牌就是个人在工作中彰显出的个人价值，它就像企业品牌、产品品牌一样拥有知名度、信誉度和忠诚度。"

有人认为，职场是一个讲求平均化，不太强调个性化发挥的地方，不用追求什么个人品牌。正是这样错误的认知，导致我们在职场竞争中越来越同质化，越来越平庸化。

实际上，那些注重创设个人品牌的职场人士有的成了业务高手，有的成为营销大师，有的成为管理专家。而剩下的人却什么都不是，一直守在基层岗位上。

"专家""高手""大师"，这些词汇里凝结着的就是一个人的品牌，它是一个人价值的最高体现。个人品牌效应在于谈论到某一类话题时，大家不约而同地想到一个人。

如果你将 PS 技术练得出神入化，大家一提起 PS 肯定会想起你；如果你危机公关能力很不错，公司有这方面需要的时候，自然第一个委你以重任；如果你在写作上积累了很多经验，团队合作的时候，大家自然会在这方面依赖你和仰仗你。这就是你的个人品牌。

在职场上树立了鲜明的个人品牌，意味着你有了辨识度，你的与众不同让你能牢牢把握、驾驭那些来之不易的机会，迅速完成职业上的晋升。而个人品牌又能让你在业余时间里轻松开启多重收入，这进一步强化了你的能力，提升了你的人脉，增强了你的个人影响力。

当然，个人品牌不是靠自吹自擂、王婆卖瓜就能打造的，更不是硬着头皮往精英圈子里挤或浪费宝贵的成长时间来参加无效社交所造就的，别人不会因此记住你。

唯有脚踏实地，不断修炼自身专业技能，在某一方面做到极致，或者某个特点深入人心，才能让别人找到你，才能让领导重用人才的时候第一时间就想起你。

随着95后们纷纷斗志昂扬地大步迈入社会，如果你还抱着得过且过的心态继续混职场，迟早有一天你将迎来"拼不过精力，惨遭社会淘汰"的悲惨结局。唯有积极打造自我核心专业技能，去匹配企业需要，慢慢形成个人品牌，才能经受得起社会各方面的挑战与考验。

1998年10月，顶着方正"最好的高级程序员"头衔的周先生毅然辞职，开始了自己的创业之路。记得当初他入职方正时，工资很低，每个月收入只有800多元，他不得不和其他北漂青年一样，住进了阴暗的地下室。但没过多长时间，他便被提拔为主管，工资也翻了几倍。

周先生在方正的时候花了绝大部分精力去钻研技术，为了让自己尽快成长起来，他事无巨细皆亲力亲为。当时方正做了一个办公室自动化项目，别人嫌弃这种项目太琐碎，周先生却欣然接受。为了顺利完成工作，他特意去海淀图书城将所有与这个项目有关的图书通通借来看了一遍。在不断学习、反复实验的过程中，他的技术能力得到了飞速的提升。

不久，周先生研发出了一款电子邮件的雏形，令领导及周围的同事刮目相看。1996年7月，领导给周先生租了一套房子，允许他在家办公。1997年10月，周先生率领团队研发出中国第一款拥有自主版权的互联网软件——飞扬。他在公司里所扮演的角色越来越重要。

只顾埋头做事是不行的，酒香还怕巷子深，无论你在职场上扮演着什么样的角色，都要尽量去建立个人品牌。当然，这是个从 0 到 1 的过程，需要通过长时间的坚持，才能看到效果。那么，我们应该如何去打造自己的个人品牌呢？

首先，你需要为自己设计一套独具个人特色的职场形象。比如，穿哪种风格的职业装，梳怎样的发型，化怎样的妆容等。电视剧《都挺好》中，职场女强人苏明玉每次出现在荧幕上，都让人眼前一亮。看得出她的装扮、发型、妆容都经过精心的打理，这使得她精明干练而又不失柔美时尚的形象深入人心。

在真实职场中，我们每天都需要和不同的人打交道，太过不修边幅只会给人留下坏印象。最好做到在干净整洁、符合时尚的基础上，为自己的个人形象多增加点特色，这是树立个人品牌的第一步。当然，打扮得太过特立独行反而会让你的个人形象减分。

其次，你在与客户、上司、同事通过邮件传递消息的时候，要尽量使用公司邮箱。自定义邮件的模板，最好符合公司专业通用模板标准，包括字体大小、行间距、公司企业标识（LOGO）等。如果你为了方便总是不写邮件主题，从现在起改变这个习惯。每一次发送邮件时都要明确地标明主题。最好将邮件附件内容在正文里简单描述一番，方便收件人查看。发完邮件后，再用微信、QQ（腾讯出品的一款聊天软件）告知收件人。如果是比较紧急的邮件，亲自打电话告知对方。

再次，你要找到主攻的专业领域，再细分领域。

确定深耕领域后，比如技术、管理、营销等，再确定一个独特的支点，精耕细作。比如，同样是做营销，你的营销特色是什么？其实，想要提高专业水准，靠持续不断地拼搏与努力就能做到，但想要不被人取代，就得在保持专业的基础上，走出自我独特的步伐。水准差不多的前提下，你与别人的差异越来越大，别人才会对你印象深刻。

建立个人品牌的过程中，我们一定要做到言出必行，行动是我们最好的宣传词。只要机会、平台合适，你就要牢牢抓住，用最别出心裁的方式去最适合自己的平台充分展现自己。

5/ 新媒体时代，
如何打造独一无二的个人IP

正所谓"IP为王"，在新媒体时代，打造个人IP乃大势所趋。它能极大地提升个人的知名度，推动个人的商业价值。

随着新媒体时代的到来，"网红"这一新兴职业渐渐浮出水面，越来越多的人关注起了个人IP的商业价值。随着自媒体门槛越来越低，个人IP也不再局限于明星、网红、公众知识分子、成功创业者等，普通大众也开始利用自身的优势加入塑造个人IP的行列中来。

网上有句话广为流传：只要粉丝经济不死，那么个人IP就会长盛不衰。我们致力于打造个人IP，首先是因为用户对品牌的兴趣尤为浓厚。举个例子，购物的时候，就算两件商品外观、质量、价格都差不多，人们大多会选择那件有着较高知名度和品牌价值的产品。可见，IP来带来的品牌效应能赢得更多用户的信赖。

而且，个人IP能极大地提升个人的知名度，由此带来令人咋舌的个人商业价值。比如抖音、快手上的网红、知名公众号写手等，他们在积累了一定粉丝后，会通过开淘宝店、接广告等方式来实现流量变现。所以，个人IP的背后其实是流量、人脉，更直白说是"钱脉"。

打造个人IP能让你身价倍增，令你成为最有价值的职业玩家。而个人IP的崛起，离不开个人的深度经营。它至少能够彰显有关你的三个方面的信息：

· 你扮演的是谁？设置一种符号来象征人格。

· 你做的是什么？展现的是一种价值观，象征着信任。

· 你能给你的受众人群带来什么价值？体现的是一种思想象征。

在这个新媒体时代，哪怕是一个表面看起来资质平平的人，只要能从这三个方面出发，精心打造自我独特的优势与卖点，树立起鲜明的个人旗帜，就算没有资金、场地，亦缺乏贵人相助，也能白手起家、创业成功。营造个人IP，显然已经是大势所趋。

如今，各种业余或全职自媒体人有很多，唯有将自身优势发挥至极致者才能脱颖而出。选好平台和工具很重要，合适的平台能帮助你全方位地展示自我，这些平台包括今日头条、抖音、快手、简书、知乎、豆瓣甚至微信朋友圈等。

我们可以运用以下方式来打造个人IP：

首先，用名字、头像、简介来实现自我定位。一个辨识度高、吸引力十足的名字和一个独特的头像，以及一句概括度高、精准体现个人特色的简介，能让别人一下子就记住你。无论是名字、头像还是简介，其实就是个人标签，它展示的是你的个人定位，包括你的长处、你的作品风格等。

所以，在设置名字、头像和简介之前，先明确你的受众群体，可以从性格、年龄、社会地位、爱好等方面来考虑。解决了这些问题后，再去考虑你的内容输出、推广方式等。

其次，我们可以设立人格化标签。比如，如果你是一位公众号作者，你会给自己设置一个怎样的标签？是"毒鸡汤本人"还是一个本性耿直又热血的人？是一个理想主义者还是一个观点中立的专业研究者？运用自身个性的特点来打造属于自己的标签，以此来决定你的文章基调、文字风格，便能在一大堆流水化、毫无特色的公众号稿件中脱颖而出，获得更高的点击量。

短视频制作也是如此。比如，Papi酱就是搞笑、爱吐槽的女孩子的人设；王刚就是朴实、专业的平民大厨的人设；李子柒就是轻灵优雅、动手能力强的田园女子的人设；等等。

再次，我们一定要秉持一个原则：持续输出。很多人在知乎上回答问题、发表文章，一开始劲头十足，之后见点击率不如预期便很快放弃了。唯有坚持输出高质量的内容，才能让个人IP的势能呈现一个由低到高的涨势。哪怕你的个人IP经过认真的经营已经有了一定的流量变现能力，可一旦停止输出，或者输出质量下降，IP势能定然会一落千丈。所以，高质量、高密度的输出是个关键点。

在新媒体时代，IP是我们和用户之间的桥梁。你不需要做个面面俱到的强者，只要利用网络将自我的优势发挥至淋漓尽致，便能成为脱颖而出的"极少数"。

6/ 盲目迎合别人，
只会迷失自己

盲目听信别人的评论，不加思考地采纳别人的观点，只能导致自己无所适从，迷失最初的方向，最终一事无成。

为什么很多人——尤其是完美主义者会为了迎合他人而改变自己的想法和行为呢？心理学家认为，这首先是由人的社会性质所决定。人是社会性动物，身处由家人、亲戚、朋友、同学、同事等构成的繁杂的人际网络之中。因此，当人在做出某项决策时，不可避免地会参考和咨询他人的意见。

但是这还不足以使人产生迎合他人的想法，迫使人迈出人生关键一步的，是来自人际网络的压力。打一个形象的比喻，当小 B 和一群人一起出去旅游时，他们走到一个岔路口，是向左走，还是向右走呢？可能在小 B 的心里想左边的风景好，往左边走吧，但是其他人都认为右边的路更宽阔、更安全。这时候小 B 是固执己见，还是随大流呢？换句话说，当身边的人都不支持自己甚至怀疑否定自己时，小B还会有勇气和决心来执行自己做出的决定吗？毫无疑问，小B一定会有所犹豫的。

刘佳在一家外企工作，最近又一次得到升迁的她却发现，随着事业的发展，身边人看她的眼光也在悄然发生着变化。同事们开始用"强势""精英""女强人"来形容她，老公也不再把她当作小鸟依人的姑娘去百般疼爱了。

仔细审视一下，刘佳发现自己在工作上确实比以前更果断厉害，也更能干了，这是她一直所追求的。但在戴上女强人帽子的同时，她也备感不适，同事的敬畏、老公的疏远，都让她感到压抑，她甚至开始不断怀疑起自己，"该不该继续这样强势下去？"

朋友们纷纷劝她回归家庭，何必苦苦支撑，把自己弄得那么累，家庭才是女人该待的地方。丈夫本身事业发展得不错，因此一直很反对刘佳在外抛头露面。他不停游说刘佳辞职，说："作为女人，把时间花在逛街、购物、美容上，不是会越活越年轻吗？何况，有你在家操持家务，我在职场拼杀时就更无后顾之忧了。想想，这是很多女性梦想的生活呢！"

刘佳动心了，她很快就办好了离职手续。但是，离开自己热爱的事业之后，刘佳变得闷闷不乐，家庭琐事只会让她感到厌烦，她觉得自己就像一只被关在笼子里的鸟……

刘佳本是一个很有主见的女强人，可是在家人朋友的极力游说之下，她改变了自己的初衷，做回人家眼中所期盼的家庭主妇。然而盲目地迎合他人，不仅没有给她的生活带来幸福，相反却让她变得更加痛苦。

刘佳的行为其实反映了心理学的一个著名定律——韦奇定律。这项定律的提出者是美国洛杉矶加州大学的经济学家伊渥·韦奇，他说："即使你已有了主见，但如果有十个朋友的看法和你相反，你就很难不产生动摇。"韦奇定理告诉我们，即使我们已经有了主见，但如果受到大多数人的质疑，恐怕我们就会动摇而最终选择放弃。可见，坚持主见是一项很能考验意志的事情。

意志力不够坚定、自信心不足是压倒许多人的最后一根稻草。当一个人和周围人的意见一致时，他会有"我没有错"的安全感，但是一旦自己和众人的见解出现了差异，他就会产生一种被孤立的感觉。如果他的自信心不足，过于在乎他人的眼光，害怕成为异类，那么为了摆脱被孤立的尴尬处境，他就会迫使自己做出一些违背自己本心意愿的行为。

心理学家认为，比起一般人，完美主义者更有可能出现迎合他人的心理倾向。因为完美主义者自信心不足，总是很在乎自己在别人眼中的形象，总是希望自己是完美无缺、无可争议的。所以，为了获取所有人的认同，让周围所有人都满意，他会违背自己的意愿，不断地否定和修正自己。

其实，每个人都有自身的人生目标，每个人的思维方式也不一样，那些对你指手画脚的人自己也不知道他们遵从的规则。所以，不要奢望所有人都支持你的选择，也不要期许所有人都喜欢你的风格，生活是自己的，你要遵从自身内心的想法。许多伟人之所以成功，就是因为他们比别人看得更高、想得更远，更坚定地忠于自身所做出的选择。

与其在乎别人的感受，不如多关注自己。

首先，你需要"具体化"自己的感受。很多人不知道如何将自身的感受从父母、伴侣、朋友、同事的感受中区别出来，所以身边的人的情绪会对他们的幸福和悲伤产生强烈影响。如果你正处于这样的状态中，一定要尝试找回自身的感受。与身边的人相处时，尝试着对自我情绪提出质疑：这是对方想要的，还是我想要的？其次，具体细化自己的感受，你不能说"我感到不舒服"，这种描述太简单了，你要努力分辨自己的情绪到底是什么，是内疚？是尴尬？还是厌恶？先识别自己的感受再接受它，随着时间的推移，你对自己的认识会变得越来越深刻。

其次，不妨为自己制作一本"功劳簿"。你要以自己为骄傲，多肯定你自己。如果你做了什么让自己感到特别自豪的事情，比如顺利升职、通过一门考试、完成一个项目，一定要及时记录下来，在年尾的时候整理成一本"功劳簿"。做这件事，是为了增加你的自我价值感，让你变得更自信。

不要试图掩盖自己的天赋，也不要违背自己的本性，更不要放弃自己的理想和信念。你要勇敢做出选择，哪怕这项选择会带来糟糕的结果，也比你盲目迎合别人要好得多。

PART

02

自我认知和定位，
摆脱焦虑迷茫

1/ 比失业更可怕的，
是不知道自己适合做什么

没有动力，浑浑噩噩，对工作谈不上多爱，也谈不上厌恶，对乔布斯所说的"去寻找你热爱的，直到找到为止"深信不疑。真正适合你的工作，究竟在哪里？

那些不知道自己适合做些什么的人通常有以下共同点：

· 上学时成绩不高不低，既不突出也不至于垫底。

· 几乎没有擅长的事情，也没有什么特别爱好。

· 对其他行业的知识几乎一无所知。

· 做事没有计划性，随波逐流。

很多刚刚毕业的年轻人频繁地在换工作，却始终不知道自己应该向着哪些方向努力。这正是因为他们成绩平平，没什么特长，所以无法对自己进行精准的定位。

一些仅毕业两三年的年轻人，离职之后再去找工作时，总觉得这份工作不是自己想要的，那份工作自己做得不习惯，兜兜转转不知道自己该做些什么。而且，他们动不动就将第一份工作与自己现在从事的工作进行对比，盲目地分析一番后，瞬间便产生了辞职的念头。

于是，这类人找工作的时候，东一榔头西一棒子，在哪里都扎不下根，自然也没有收获，最后变得越来越焦虑和迷茫，看不清前进的方向。

吴柔在高考的时候，不知道选什么专业，后来听了家人的建议，去学了金融。入学后，她发现自己压根儿不喜欢这个专业，想换专业，打听了一下，发现换到一个自己喜欢的专业很难，而且新换的专业有很大限制，吴柔就放弃了。

毕业后，依靠父亲的关系，她进入一家金融机构。干了半年多，她觉得这不是自己想要的，决定辞职去寻找自己真正喜欢的工作。浏览很多招聘网站后，她决定从事和摄影有关的工作。因为他一直都对摄影感兴趣，平时自己也会拍摄一些景物照片。于是，她兴致勃勃地做了一名摄影助理，接触后才发现那和自己想象中的根本就是两码事。于是，一年合同结束后她立马辞了职。

辞掉工作的吴柔很颓废和迷茫。几个月后，通过同学介绍，她去了另一家创业公司上班，做留学咨询方面的工作。但她心里一直很不满意，觉得自己不适合做中介。这么一想，辞职的念头就又冒了出来。但接下来从事什么工作呢？她为此很是苦恼。

如果你不知道自己适合做什么，那你最该做的是找到属于自己的定位。这并不是要你盲目地去尝试不同的工作，为降低试错成本，可参考以下步骤：

首先，你可以使用排除法。点开国内诸多大型招聘网站，关注行业、岗位分类，将自己完全不感兴趣的行业、岗位排除掉，比如，金融、销售等，这样一来，你选择的范围便小了很多。然后将自己不反感的行业和岗位进行组合，比如"传媒＋新媒体编辑"等。

接下来，你要进一步进行测试，着重关注筛选出来的行业和岗位。

如果你正处于大学毕业刚进入社会的阶段，可以去感兴趣的公司实习一下。在这个过程中，积极了解行业面貌，测试自己能否接受这份工作。

如果你已经离职，现在正在重新找工作，就要着重关注招聘网站上的岗位技能要求，并按照对方的要求去提升自己。比如，你想要应聘的一份工作要求你必须具备 PS 技能，不妨先通过相关网站进行系统的学习。

如果你目前正处于迫切地想离职的状态，建议不要冲动裸辞，不妨利用业余时间按照你所感兴趣的岗位的相关技能要求去提升自己。

比如，你想要应聘一份新媒体运营方面的工作，这份工作所需要的能力包括：文案及内容撰写、公众号运营、微博运营、数据分析等。先申请一个微博账号或者微信公众号，结合专业书籍去思考如何写文、排版、引流，在实践中增长见识，这样换工作的时候就有底气得多。

当你发现自己在某个职位上能创造出价值，并且在创造价值的过程中，你是满足的、投入的。那么，恭喜你，你已经找到了自己未来的职业方向。

到这一步，看似已经前途明朗了，但远远没有结束。很多人都是在一遍又一遍地重复上面的步骤，每次在自己选择的新工作上浅尝辄止，然后变得更加迷茫。也就是说，很多人的根本问题不是找不到定位，而是太浮躁。他们只是想很快在一个行业里混得风生水起，一旦遇到挫折或者不如意，就认为自己不适合这个工作，选择放弃，从另一个起点再出发。毕竟，从一个全新的未知的地方开始起跑，要比在一个令人沉闷无趣的地方开掘出一条光明大道，有趣得多，也容易得多。

所以，很重要的一点是，也许你表面上其实根本不知道做什么，并不是单纯的迷茫，而是浮躁。按照自然界的规律，没有人能够在短时间内跻身于一个行业的头部位置。飞速成长期的前面必定是漫长的积累阶段。

那么，接下来的一步非常关键，就是设定一个比较长的期限。举例看，本来需要五年做成的事，你非要一年完成，做了五个月，结果发现没什么进展，急不急？假设你决定十年做一件事，现在才做了一年，你不会急，为什么？因为你知道这件事至少需要十年，现在仅仅是做积累而已。

如果你现在已经在一个行业里做了一年，不要急于否定自己的表现，也不要快速转向，给自己多一点时间去做深度学习和探索。

2/ 不要拿你的业余，
去挑战别人的专业

某项足以称得上专业的技能，无异于一个人最大的优势，更是他职业生涯中一张最大的王牌；而你闲暇时间里的业余爱好，充其量只能算是你写在简历里的加分项，而不足以成为你在这个行业安身立命的资本。

总有人觉得做校对是一件很简单的事情，不就是找找错别字，改改病句吗？可等自己真正进入这一行业后，才发现自己连同事的一半水准都比不上。有人觉得那些公众号作者没什么了不起，不就是找找素材，写写当下热点问题，写作水平比自己也高不了多少。结果亲身实践的时候才发现自己就是耗尽精力也无法让点击率多增加一点，更别说写出爆款文章了……

总拿自己的业余爱好去挑战别人吃饭的本领，是因为我们低估了"专业"二字的分量。什么是业余？或许你写作能力还不错，从小就备受老师的夸奖，还在一些作文比赛中得过奖项。但是论起文字整合能力、创新能力，你就是不如那些专业的编辑、文案、策划人。

什么是业余？你一周练笔一次，凭心情偶尔进修一下。但是专业的写作者日日笔耕不辍，在精进写作能力上耗费了巨大的心力。不断进步，是他们一生的必修课。

什么是业余？你只是对某项技能感兴趣，或自觉很有天赋，却不靠其谋生。但专业从业者并没有别的选择，他们全力以赴只为一个目标——让自己变得更专业。

专业以过程为导向，关注长期利益。追求专业的人享受努力过程中的点点滴滴，他们遭遇挫折时百折不挠，尝到成功的滋味后会以此为起点去追求更大的成功。

业余则以目标为导向，只在乎短期利益，它通常意味着朝三暮四无常性。你只需要做自己想做的事，而不需要对它负责任。今天感兴趣了，便全身心地投入；明天觉得无聊了，便甩在一旁，置之不理。一旦小有成就，自满情绪便油然而生，沉浸在喜悦里停滞不前。

专业，来自日复一日的坚持、精益求精的追求和超越常人的付出。如果实施的过程中有一点不合格，那么整件事都是不合格的。更残酷的是，一件事情最好玩、最有吸引力的部分终究只有那么几个环节，剩下的都又累又苦还很难带给你成就感。

时下流行"斜杠青年"，有人一边应付主业，一边忙于新娘跟妆、私人定制摄影、朋友圈代购等。看起来十八般武艺，样样精通，实际上通而不精，是为兼职接活儿的"伪斜杠"。如果你不想被贴上"半专业、挺业余、不靠谱"的标签，不妨试试下面的办法。

首先，你可以拓展与主职相关的"斜杠"。一个二手房销售人员，朋友圈天天轮番上场各种货品，一会儿是面膜，一会儿是口红，一会儿是零食，二手房信息倒是没几条。如此的销售，你会愿意找他买房？

"东一榔头西一棒子"式的发展爱好，最后连带把专业也搞黄了，不如拓展与主业相关的事情，让主业和副业互相滋养。

比如，在产科做护士的燕子，兼职做催乳师，因为她工作中每天都会看到产后妈妈遭遇奶涨、缺奶、乳腺炎、乳房胀痛等问题。于是，她利用下班后的时间，系统学习了母乳喂养知识，参加专业的催乳师培训，让自己多了一个催乳师的身份。

其次，你要尝试着去接触并模仿高手。既然选择了在业余时间修炼某项专业技能，你就要想办法成为这一领域的精英人物。

比如，先确认清楚这一领域当前最厉害的人都有谁，整理成一份名单。然后再逐一关注这些人的微博、公众号，分析他们每天发布的消息。购买他们的课程，参加他们的在线分享会和线下交流活动。或者通过微博私信、公众号留言等方式向他们请教问题。

如果你向往更自由的发展，崇尚更多元的生活，你可能选择靠兴趣去挣钱。前提是，你要找到持续精进的乐趣，像那些专业人士一样不断梳理自己的行为习惯。

3/ 别盲目涉足不熟的领域，瞎折腾死得更快

无论是投资还是创业，都要遵循一个原则：不熟不做。只有做熟悉的生意，才有更大的概率获得自己想要的结果。

有的人认为餐饮行业创业容易，门槛低、利润大，于是冲动地辞职创业开小吃店、炸鸡店，结果没到半年，借来的启动资金都打了水漂；有的人认为做网络主播没什么技术含量，随随便便就能挣钱，于是放下本职工作投身其中，谁知折腾到最后还是一无所获。

犹太商人几乎都是做生意的好手，但他们绝不会轻易涉足自己不熟悉的领域。在他们看来，没有足够的本领和能力还要去挑战自己不擅长的事情，只能迎来失败的结局。

社会分工越来越细化，是人类社会向前发展的标志之一。古人说隔行如隔山，尽管社会生活中很多行业紧密联系在一起，甚至到了密不可分的程度，但若细究起来，它们之间始终存在着数不清的隔阂与

区别。任何行业都有着属于自己的经营之道、赚钱之道、用人之道。想要在一个行业中彻底地站稳脚跟，先把自己变成内行再说。

然而，现实生活中，很多人对那些从未涉足但看起来很简单的行业总是抱着轻视的态度。他们想当然地认为只要集中花上几个月的时间，就能摸透这其中的门道。可是，连一个稍微复杂一点的项目，在这么短的时间里你也很难做到全盘消化，更何况是换行业。

而且，当今社会竞争如此激烈，哪怕是内行也面临着诸多挑战，何况是一个外行。你根本不知道哪儿埋伏着陷阱，哪儿又藏着套路。如果没有足够的经验，你只有处处被动、时时挨打的份儿。你若盲目地将全部身家拿来投资，一不小心这些钱便会化为乌有。

《大败局》中曾提到一个案例：当年史玉柱在自己的公寓里持续拼搏了150个日日夜夜，才完成了他的文字处理软件系列产品——M-6402，随后，他以这一产品为基础创建了巨人集团。对此，吴先生评论道："在20世纪90年代的企业家群体中，史玉柱算得上是一个'神童'和异类。"可是，如日中天的巨人集团最终迎来了一次惨败。

原因正在于，史玉柱率领着巨人集团盲目涉足自己根本不熟悉的领域——房地产。史玉柱雄心勃勃地宣称要在珠海建一座70层的高楼。可实际上史玉柱对房地产一窍不通，他甚至将巨人集团的预期利润当成了实际收益。再加上他对资金的不合理规划及使用，资金链最终断裂，让巨人集团陷入困境……

盲目涉足不熟悉的领域，倒不如将熟悉的、擅长的事情做到精深和极致。在商业上，总是细节决定成败。对于那些熟悉的产品、行业，你一定很难忘怀其中的细节，如此一来，胜算便大了很多。接下来你要做的，是在以往经验的基础上掌握所有的细节，做到成竹在胸。

比如，如果你一直做的是饰品生意，那就踏踏实实地做好这门生意，而不要去开看起来利润更大的火锅店；如果你熟悉的是服装业，那么就摸透市场，开好你的服装店，不要看到眼下美妆生意火爆，就冒冒失失地改行……如果你非要闯入一个陌生领域从头开始，除了要承受精神上的压力外，还要承担经济上的压力，结果却不一定如你的意。

如果你有意去创业，不妨参考以下建议：

首先，你可以从熟悉的行业做起。很多年轻人制定的创业计划往往脱离实际，他们还未展开行动之前，喜欢为自己的创业项目添加很多附加条件和结果。比如，有人认为，自己能找到厉害的天使投资人，就一定能将项目做大做强；有人认为，自己若能找到优秀的合作者，就一定能在最短时间内达到最佳盈利目标。切记，没有相关经验的时候，你一定要从最熟悉的行业做起。你要抱着切实的打算，千万不要高估自己的实力，更不要盲目幻想那些美好结果。

其次，真正展开行动的时候你要抱着永远不满足的态度。比如，了解行业概况时，有的人可能浅尝辄止，只搜集了部分资料便觉得已经足够了。有的人却永不满足，哪怕对这个行业已经足够熟悉，他也会从新的角度来搜集资料，不断地分析和研究。

再次，你要少听身边的人的话，多向有创业经验的人请教经验。

创业期间，我们做选择、拿主意的时候一般喜欢听身边的人的意见，但得到的回答往往很不适用。你可以向身边的人请教，但一定要理智地甄选对象，多向那些创业经验丰富，且有过结果的人请教。记住，无论是失败的或是成功的创业经验，都能启发你的思考。

最后，你最好选择启动资金较低的行业。创业初期，融资过程往往没你想象得那么顺畅。既然选择了创业这条路，那么有关资金的问题，你注定避无可避。一开始创业的时候，你可以选择启动资金较低的行业，比如门槛较低的互联网领域。选择这些领域，不只成功概率高一点，试错的成本也低一点。

如果没有足够的经验，千万不要盲目涉足不熟悉且不擅长的领域。无论别人赚多少钱也别眼红和盲目跟风，而要抱着谨慎的态度。

4/ 你正在盲目攀比中迷失自己

永远不要眼红别人的成就，也许在你看来，你们的实力、条件差不多，但可能别人更善于推销自己，所以他会比你更早地把握住机会。如果你们的职业取向、本身的潜力、预期的目标各不相同，却一厢情愿地同别人攀比岗位与薪酬，这无疑很不符合实际。

职场中盲目攀比的现象比比皆是。见别人在朋友圈里晒业绩，心里就像堵了块大石头似的；对别人的职位和工资单羡慕嫉妒恨个不停；见同事工作能力比自己出众，心里就跟打翻了醋瓶一样，酸意十足；就连同事换了个新的名牌手机，心里也不怎么痛快……

其实，职场上盲目攀比是一种典型的"孔雀心理"的投射。在孔雀看来，自己是最漂亮的，你若在孔雀面前晃动色彩艳丽的丝巾，它们会跟眼睛里进了沙子一样难受不已，立马展开美丽的尾羽迎战挑衅。拥有职场孔雀心理的人时时与人攀比，事事争强好胜。他们生怕自己在某些方面落后于人，看到比自己表现更好的同事，心里不自觉地产生敌意，背地里常常怄气不已。他们还很在意上司同事们的看法，时刻活在别人的目光中。

诚然，适当的攀比会推动人不断向前进步，但攀比过了头，处处想着高人一等，只会搅乱自己的职场节奏，让自己活得越来越累。如果说孔雀心态来源于你内心深处根深蒂固的不安全感，那么盲目地与他人的能力做比较，只会让你陷入更深的不安里。

这种心态让自卑、嫉妒等阴暗情绪有了发展壮大的温床。它影响你的职场定位，给你带来精神上的无限痛苦。当你迷失在攀比的浪潮中，你就再也无法看清人生的方向。

比如，有的人认为管理岗位一定优于技术岗位，前途也宽广得多；有的人认为创业当老板就一定比替别人打工强；有的人则认为下一份工作一定比现在好得多……这样想的人永远看不见眼前的成就，不断遵循着别人的脚步去追求难以企及的目标，最终伤害的却是自己。

其实，影响就业或者择业的因素太多，它受到个人知识、技能的制约，也与个人的家庭背景、性格、兴趣爱好、发展机遇息息相关，每个人都有着属于自己的求职轨迹。

秦奋和周翔是大学时期的室友，毕业后他们被同一家公司录取。周翔是个胜负欲很强的人，时间一长，他却有点心灰意冷起来。原来，秦奋做的是技术类的工作，入职没多久，他便靠着出色的工作表现获得了上司的青睐，被破格调入一个重要项目团队。

眼见秦奋前途一片光明，周翔心里焦躁无比。当初入职时，他放弃掉大学所学专业，选择了销售岗位，原本以为能靠着超高的业绩提成过上潇洒的职场生活。谁知努力奔波了好几个月，他的业绩怎么也无法达标。周翔不自觉地将自己与秦奋做对比，心想自己学历、能力都和秦奋不相上下，凭什么他过得这么窝囊，秦奋却混得风生水起？

心态失衡的他冲动之下跳了槽，重新加入了求职大军。他一心想要超过秦奋，所以找工作的时候他只考虑那些高薪工作。谁料寻寻觅觅，却始终一无所获，花光了积蓄的他，最后连生活也只能靠借钱维持。

职场中最重要的是保持理智，始终对自我职业发展有明确的定位。那么，我们具体应该怎么做呢？首先，我们要寻找攀比"关键源"。

职场中，每个人攀比的关键源各不相同，找到令自己敏感和难受的点，对症下药才能一举解决问题。比如，你自认是个 PS 高手，偏偏同事的 PS 技能比你还要厉害，这让你嫉妒不已。找出关键源后，冷静分析对方的优势在哪里，尽全力去缩短差距。

其次，多问问自己"我的目标是什么？"当你陷入攀比情绪中时，应该及时稳住心绪，问自己"我的目标是什么？"如果你的目标是跃升到管理层，那么这一阶段的你只需用心学习、积累管理经验即可，而不需要做到在所有技能上都比别人优秀。将注意力集中在你的目标上，而不是"与别人比较"上。

最后，你要多多和自己比。养成与自己做比较的好习惯，隔一段时间便对自己进行一个小测试：拿出纸笔，记下自己在这一阶段取得了哪些成就，完成了哪些目标，还有哪些不足。并反思和总结经验。或者，每天坚持强化一个小技能，学习一个小的知识点。利用时间的复利效应，每天都比昨天进步一点点，时间总有一天会给予你丰厚的回报。

成功学创始人拿破仑·希尔说："如果想要实现成功的愿望，有一点要注意，那就是不要拿别人和自己比较。"脱离实事求是的自我定位，一味同他人攀比，只会妨碍到你的择业与就业。你要做的，是在找准职业定位的基础上，用切实的努力去证实自己的实力。

5/ 划分能力四象限，
　　了解你需要提升的能力

通过能力管理四象限法，我们能迅速了解到自己的优势能力在哪里，应该将宝贵的时间和精力投入到哪里，以快速实现职场晋升的目标。

袁凤琪在职场打拼两三年，最近却感觉越来越吃力。抽空阅读了多篇鼓励职场人士利用业余时间充电的公众号文章，她深受刺激，迫切地想要行动起来。可回顾与行业有关的一切，她却赫然发现自己要学的东西不胜枚举，她甚至不知道该从何下手。

病急乱投医的她想到要去多考些证书来提升能力，毕竟多张证书多许多条路。于是，她一口气报考了教师资格证、初级会计证、导游证等考试，无论合不合适，市面上流行什么证书，她就考什么。除此之外，她还报名参加了很多培训班的课程，每个假期都被排得满满的。结果努力了半年后，她在职场中的处境却每况愈下。因为每天下班回去充电至深夜，白天上班的时候她总是在打呵欠，在工作中多次犯错误……

职场人都有这样的感受，每隔一段时间就会给自己定下很多充电目标，一条条列举得十分详细，结果真的到了执行的时候，却不知该如何下手。看着那些烦琐的学习任务，觉得这也重要那也重要，做的过程中经常是眉毛胡子一把抓，往往很多事情都半途而废，最后又回到了原点。如何利用有限的时间精准提升能力，是职场人所面临的最大难题之一。

其实，可以用能力管理工具"能力四象限"来帮助我们决定完成目标的优先顺序，便能让我们的行动力包括学习效率大大提升。

个人能力的四个象限包括：优势区、潜能区、存储区、盲区。

第一象限优势区能力：我们感兴趣的而又十分擅长的能力。

第二象限潜能区能力：我们感兴趣但并不擅长的能力。

第三象限存储区能力：我们熟练掌握但不感兴趣的能力。

第四象限盲区：我们既不感兴趣也不擅长的能力。

下面让我们利用"四象限矩阵"来认识自己有哪些能力是目前急需提升的，哪一类型的学习计划是可以放弃的。如图：

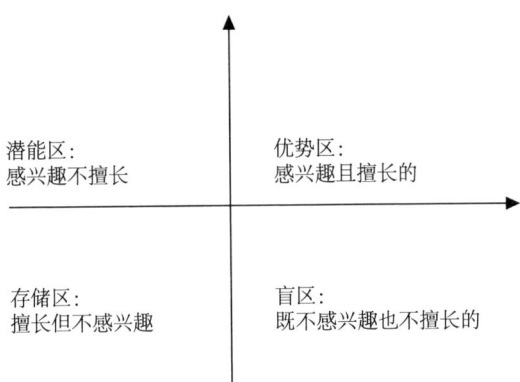

潜能区：　　　　　　优势区：
感兴趣不擅长　　　　感兴趣且擅长的

存储区：　　　　　　盲区：
擅长但不感兴趣　　　既不感兴趣也不擅长的

处于第一二象限的能力在未来的成长空间比较大，应持续投资，保持优秀。三四象限的成长空间有限，尤其是第四象限的能力，可以及时放弃。

我们可以在职业发展的不同阶段，尝试去打造不同的能力，具体如下。

首先，在职业发展稳定期，专注发展第二象限能力。

职场发展顺风顺水的时候，一味安于现状、不思进取的你，早晚会遭受现实的教训。要知道没有一家公司能永远屹立不倒，没有一份工作能干到死。在职场上拥有一席之地的时候，你应该在持续精进优势区能力的同时，努力磨炼自己的第二专长。这样纵然未来个人发展突遭变故，你也能迅速地扭转自己的职场方向，有条不紊地度过危机。

其次，职业发展停滞期，专注发展第一象限能力。

工作久了，很多人会感到迷茫。"怎样才能进步呢？""我好像没有一技之长，如果失去现在这份工作，我还能做什么？"当你觉得事业停滞，总在重复做着同一件事情的时候，不妨多多审视自身，努力磨炼第一象限的能力，这会为你的职业发展带来更多的契机。

再次，职业生涯危机期，你可能需要挖掘自己第三象限的能力，以帮助自己度过危机。

举个例子，李岩突然失业，这时候他不得不重拾老本行——财会专业，他应聘了一家公司的财务一职，并顺利入职，这解决了他失业时的经济来源等问题。

我们若将时间浪费在盲目的努力中，错过极其关键的职场成长期，未来只会后悔莫及。通过能力管理四象限法则和能力四象限矩阵，我们能迅速了解自身的优势能力在哪里，应该将宝贵的时间和精力投入到哪里，实现快速晋升的目标。

6/ 如何规避自我认知的盲区

在复杂多变的职场上，缺乏正确自我认知的人基本上不具备竞争力。唯有完美规避掉自我认知的盲区，更深刻地了解自己、认识自己，才能在竞争中长久立于不败之地。

动不动就转行，在三十而立的年纪还在思索着如何从零开始学习策划，去做文案工作；潜意识里认为自己很有能力，于是对手头的工作越来越不满，看不清眼前平台的价值；明明被很多人看好，却不敢去竞争更高层级的职位，害怕自己不够实力……

很多人的自我认知要么盲目偏高，要么盲目偏低，前者往往表现为自负，后者则表现为自卑。缺乏理性的自我认知，我们便只能在自负与自卑之间摇摆不定、备受煎熬。

而在职场中，一旦自我认知出现偏差，你脚下的路只会越走越窄。其实，在进入职场前，我们就该对自己进行正确的职场定位，这样才能更快地找到最契合自己的工作岗位，为自己规划出一条科学的职场进阶之路。这也能避免我们日后不得不频频跳槽甚至转行的情况的发生。

一家机构对部分职场工作人士进行了调查，其中一个问题是"对于现在的职位最感兴趣的点在哪里？"近五成的人回答说"不知道"，他们脸上露出迷茫的神情。

对这些职场人士进行背景调查的时候，发现他们大多有着三五年的工作经验，但没有一份工作能超过两年时间。虽然在短暂的职业生涯中，他们频频跳槽，然而一旦被问到职业规划等方面的问题，他们却总是支支吾吾得说不清楚。

所谓的自我认知，就是要用各种方法对自己的优势、劣势、现有资源、外部环境进行全面分析，将潜在的机会和挑战与自我目标有机结合在一起，实现自己的最佳职场定位。

自我认知在不同的层面有不同的要素。最基本的自我认知是对自身先天条件的认知。比如我们的性别、家庭背景、智商、情商等，这些要素中有很多几乎是无法逆转的，将不可避免地跟随我们一生。我们能做到的就是心平气和地接受，永远向前看。

自我认知的第二个层面是对自我后天培养的习惯和素养的认知，比如学习能力、为人处世的方法等。唯有深入剖析这一层面的诸多要素，才能清楚地认识到自己真正的优势、劣势及其他潜在能力。这就要求我们抛弃自负心理，毫无保留地正视自身。

自我认知的第三个层面是对自己目前所处的社会环境、平台资源的认知。优秀的职场人士都能做到正确地选择个人发展的平台，并游刃有余地整合资源。这一层面的认知核心是找到属于自己的职场定位，然后在学习中检验、修正自己的认知，逐步成长。

自我认知的第四个层面是对个人目标的认知。所谓的目标一定是分阶段的，包括每一天的目标、每星期的目标，每个月的目标……诸如此类的短期目标，和一个长远的目标。

很多人因为前三个层面的自我认知不够准确，直接导致他们对自我目标定位错误，往往是目标完全脱离现实。于是，这部分人的职场之路几乎走到了死胡同里。

自我认知能力是人最基本的一种能力，能通过不断地训练去提升。可参考如下方法：

首先，分析自己的日常行为。

想要提升自我认知能力，不妨多多关注自己的日常行为，展开思考、总结感悟。比如，思考自己今天遇到了哪些难缠的事情或者棘手的问题？思索、解决问题的角度是否恰当、合理？解决问题的思路是否连贯、有逻辑？回顾自己的思考过程，分析自己拥有哪些思维上的优势和劣势。

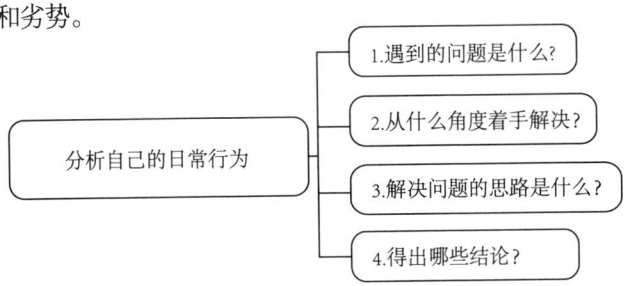

分析自己的日常行为
1.遇到的问题是什么？
2.从什么角度着手解决？
3.解决问题的思路是什么？
4.得出哪些结论？

其次，多多阅读哲学、心理学方面的书籍。

通过阅读，我们可以不断地提升自我认知能力。阅读哲学类书籍，能帮助我们学会从事物的本质去看待问题，并增强我们的逻辑思维能力。阅读相关心理学著作，能帮助我们认清性格中的一些阴暗面，帮助我们更全面地认识自己。

再次，在忙完一件事情之后，与自己进行一次深度的谈心。

在忙碌之后，给予自己更多冷静的时间。仔细回想自己在处理事情的过程中是如何做选择、如何执行的，以及之后的结果符不符合预期。剖析内心，全面了解自己的优势、劣势，养成这个习惯后，你的自我认知能力会变得越来越强。

TTI 创始人比尔·J. 邦斯戴德曾说过，每个人都是一颗未经打磨的钻石，直到发掘到自己的独特之处。把这种独特性和职业成长结合在一起，方能打磨出自己最耀眼的光芒。自我认知度高的人，往往更自信，更有安全感，对人生有更好的规划。

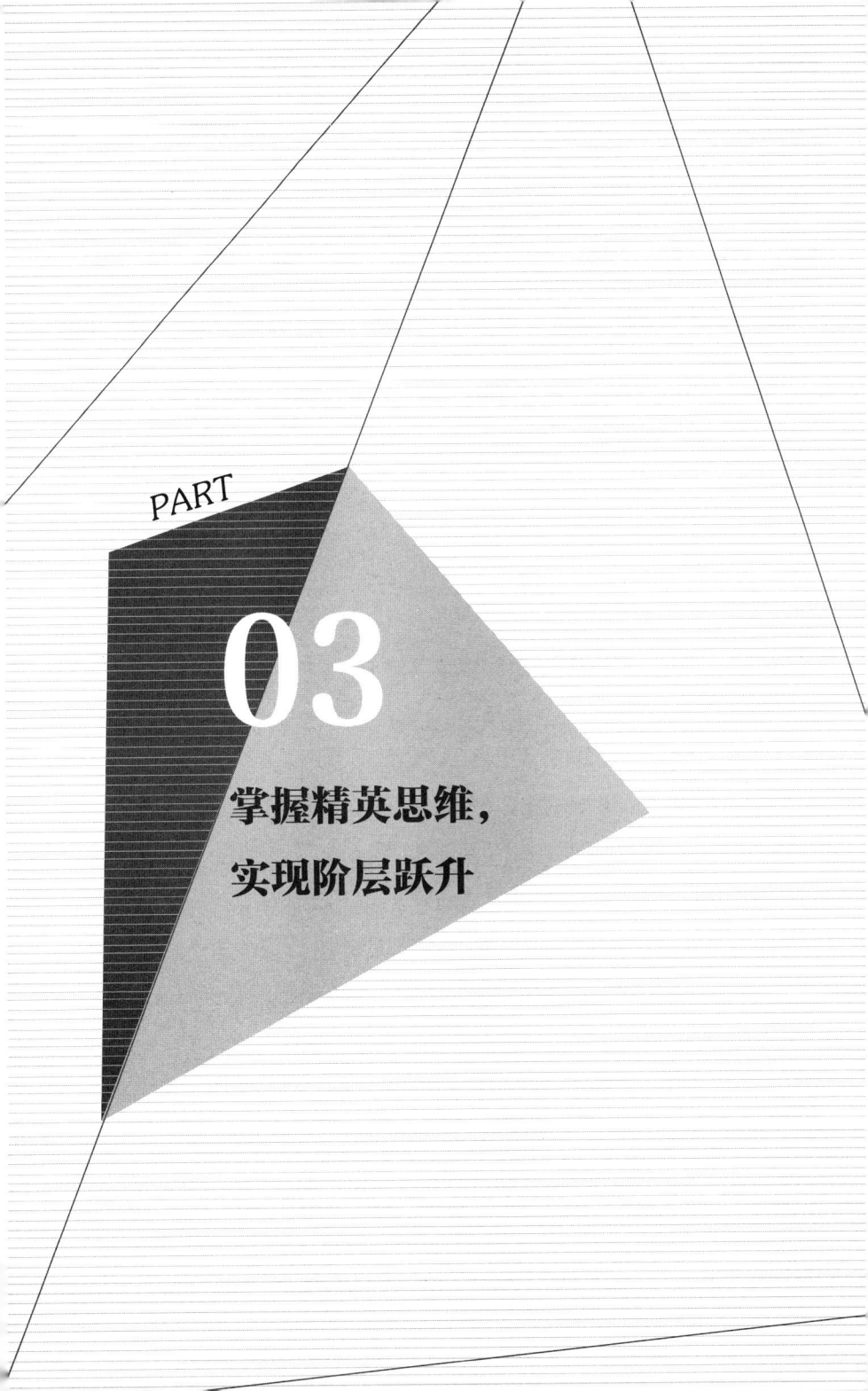

PART

03

**掌握精英思维，
实现阶层跃升**

1/ "我不会"
——培养积极的良性思维

"我不会"的消极思维并且不可取。如果你选择用一种"我不会做，我不想做"的态度来应付职场，失去的只会越来越多。

职场上从不缺乏伸手党：嫌弃用 PS 修图太复杂，一句"我不太会"便推给同事；就算有人给自己讲解，也不乐意去学；事事指望上司、同事给自己兜底；动不动就将"我不会"挂在嘴边……

有人把"我不会"当作挡箭牌，挡住了那些有难度的工作，自己只挑选最简单的部分做工作，看起来是精明，实际上是不愿意担负责任，结果只能给人留下不堪受重用、毫无团队意识的负面印象。

吴枫所在的贸易公司开始启用电商模式，大家都如临大敌，对着电脑如饥似渴地展开自学。只有吴枫在上司面前抱怨"这种模式我根本就不会嘛""我对这方面真的不在行，让我打个下手就行"……

面对同事，他嬉皮笑脸，"帮我处理一下图片，我真的不会""这个排版工具怎么用啊？你教教我""之前不都是你帮我的？干脆帮人帮到底，你都处理了吧"……

时间久了，同事烦了。明明只是个小问题，和他说了好几遍，他还是不会，最后白白耽误了自己的工作时间。而且，吴枫后来变得越发变本加厉，连个简单的 Excel（微软公司出品的电子表格软件）都推给别人做。

上司也不满了起来，质问他："怎么不到几个月的时间，别的同事都熟悉了新模式，就你不会？你连人家实习生都不如！"

常把"我不会"挂在嘴边的人通常习惯用消极思维来看待问题，这是不利于成长的。消极思维模式给我们带来的危害有很多：

怠慢

这种负面思维模式令你从清晨到夜晚，时不时地产生悲观的情绪。于是，你无论做什么事都提不起兴趣，总在人前摆出一副懒散怠慢的样子。

疲劳

这种负面思维模式令我们总是处于一种疲劳的状态中，只要一想到手头要做的事，就会感到很疲惫。

能力退化

当你觉得自己不会的时候，渐渐地就真的什么也不会了。负面的思维习惯让我们的各项能力都在萎缩，让我们的意志力逐渐消退。我们越来越倾向于选择难度较低的事情去做，而且总是三天打鱼、两天晒网。

精力被消耗

在这种负面的思维模式下，我们做选择或者做决策时总是犹豫不决，难以决断。这大大消耗了我们的时间和精力，常常使我们陷入无助的状态。

失去动力

被这种负面思维侵扰的我们，目光常常聚焦在苦难上。我们无法保持最佳状态，慢慢就会失去建设生活的能力和为未来奋斗的动力。有些人心态失衡后，甚至会选择自暴自弃。无论生活给予的是什么，他们都被动地接受，却不愿意去改变。

哪怕面临一项颇具挑战的任务，也要尽力去尝试，而不是用"我不会做，但我可以学"作为推脱的借口。为避免把事情搞砸，在接受任务并完成的时候，需要注意的有：

首先，你要及时反馈，调整领导的期望值。

领导给你布置了一项艰难的任务，你要及时反馈，可以告诉领导"这部分内容我之前没有接触过，请多给我一点时间去熟悉。一个星期后，先交给您一份初级版本"。本着负责任的态度，先调整领导对你的期待，再放手去做分内的事情。

其次，你要积极动手完成初版方案。

经过前期的准备后，你应该会对这项工作有了初步的想法。此时，你需要做的是静下心来完成初版方案。哪怕在编写的过程中，你不断怀疑自己，也要硬着头皮写下去。哪怕这份方案多么不成熟，你也要在约定时间到来前将其提交给领导，静等审核。

领导可能因为你的初版方案大发雷霆，但一般情况下他也会给出具体的修改意见。将那些抱怨抛到脑后，按照领导的要求尽全力修改。你可能需要修改六七次，甚至更多遍，保持耐心，这是你快速迭代、增强自我知识技能的过程。

每一次和领导沟通的过程，都能让后者更了解你的做事风格、思考方式、能力局限之处以及潜力。这也是我们厘清领导要求、了解其思维格局的好机会。

再次，陷入困境的时候，你要记得及时求助。

编写方案的过程中，你可能有很多技术上的盲区，一定要及时求助。在向资深同事求助之前，最好先借助百度等搜索工具，了解一下大概内容。

求助的过程中，态度谦卑，谈吐明确具体。不要随机问一些没有太多逻辑性和框架性的问题，最好将请求量化成具体动作。比如"我不知道怎么将这张图片中的人物脸上的斑点去掉，怎么改变图片格式，能教教我吗？"

"我不会"是职场的绊脚石，你要转变思维，将"不会做"变成"我可以"。同时做好心态建设，理性地面对一切困难和挫折，做到不畏难、不抱怨、不退缩。

2/ "曾经失败过"
——复盘思维避免在同一个坑里摔倒

不断复盘的过程，是自我进化的过程。它帮助我们建立了一套严谨的思维模式，让我们能一眼看清身边错综复杂的职场环境。前提是我们必须站在更高更远的地方，去全面看待过往的职场之路。

工作中从不缺少这样的人：每天看似风风火火地忙来忙去，结果不仅不能创造价值，还经常犯错误、捅娄子；口口声声说自己有着这个梦想、那个梦想，但在追求梦想的过程中明明犯了无数个错误，却不主动去改正、去提升自己；做事不讲究方法，老在同一个坑里摔倒还不反思，指望着熬下去就能升职加薪……

这其实都是缺乏复盘思维的表现。复盘，原本指的是围棋选手每次对弈结束后，会重新排演下棋的全过程，以找到双方攻守的优劣势及最终定局的关键，然后加以研究改进。

求职类节目《你好，面试官》中，两位求职者给观众留下深刻印象。第一位是个心怀主持梦想的女生，被问到相关资质证书时，她犹豫着说，自己只拿到了普通话二级证书。面对 Boss 团怀疑的神情，女生回忆道，当时因为自己正处于生病时期，所以没发挥好。

其中一位 Boss 当场询问道，既然第一次考得不好，为什么不好好准备再考一次？随后，这位女生的身材管理又受到大家的质疑。女孩慌了，有点手足无措。

第二个女生寻求的是一份金融领域的工作。Boss 团指着她写在简历上的一段经历，问是怎么回事。原来，她曾因为自己的失误操作，导致一份重要文件被当作垃圾收走。

发现自己的错误后，女孩第一时间询问到了倾倒垃圾的位置，翻遍了那儿所有的垃圾桶，终于及时弥补了自己的过失。事后，女孩对自己的行为进行了细致而又深刻的反思。她坦诚，如果当时自己能够提前安排好工作中的每一个步骤，就不会出现这种失误了。一位老总当场直言，他很欣赏女生的反思举动和复盘思维，其他 Boss 也纷纷竖起大拇指。

将复盘思维运用到职场上，意味着我们要不断重现、排演过去的失败经历，理清每个环节与步骤，找到漏洞，总结原因和规律，再推演出行之有效的方法。

职场中，小到做一份 PPT（微软公司出品的演示文稿软件），大到领导上百亿元的项目，都可以利用复盘思维来总结规律，指挥我们的下一次行动。比如，你想出了一个很棒的点子，并在团队会议中提了出来，结果上司毫不留情地拒绝了你的提议，还将你批评了一顿。掌握复盘思维前，你可能自怨自艾，抱怨自己怀才不遇，上司有眼不识泰山等，但抱怨显然无济于事。

拥有复盘思维后，你会在心里将整件事情从头再推演一遍。从想出这个点子开始，到最终被上司拒绝，一点点琢磨、梳理。试想，是什么启发你想出了这个点子？为什么想出点子后，没有及时收集资料，进行验证，并整理成方案？为什么当天开会前，没有先想好一套话术？之前与上司相处的时候，发生过什么矛盾？……就这样，问题一个个露出了水面。

有人认为，复盘就是总结个人工作。这是错误的认知。单纯整理工作内容，阶段性地记录下自己的工作经验和心得感悟，称不上复盘。真正的复盘是一种行之有效的学习方法，学习对象是过往的失败经验。它更是一种复杂的思维工具，能为人指引方向。所以说，总结和复盘是两个截然不同的概念，前者聚焦于过去，后者则聚焦于未来。

单纯的自我反省与复盘指的也并不是同一件事。个体在做自我反省的时候总会基于自身经验，局限于能力圈内做分析与反思。而复盘则跳出了这个思维局限，复盘是在梳理自我经验的同时，通过各种渠道从外界收集意见，并密切跟踪行业标杆。

复盘虽然在职场上很关键，但我们并不用每天都去做复盘工作，这是为了收益最大化做全局考虑。复盘有两个重点方向：从过去的失败经历中总结经验和方法，以规避下一次的失败；从手头最重要的工作入手，打破局限，找到优化方法，争取在最短时间内取得突破性进展。

实际操作的时候，可运用"GRAI 复盘思维分析法"。GRAI 复盘思维分析法的详细内容请见下图。

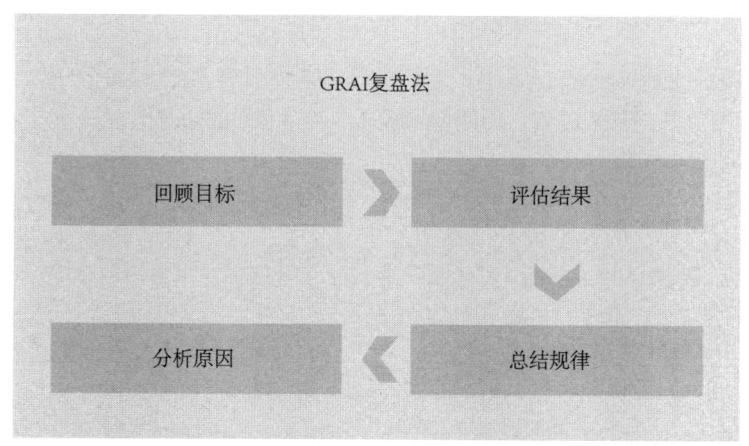

首先，我们需要回顾目标。

对某个项目或工作的预期目标进行回顾，并完整地罗列出来。比如：目标一，策划线下活动；目标二，撰写公众号文章，至少达到 10 万转发量；目标三，实现 50 万销售额……

盘查目标的过程中，我们会发现有的目标明确具体而又切合实际，有的却不太现实，标注出不合理的目标。记住，如果目标本身不切合实际，之后整个复盘的过程都失去了意义。

其次，我们要评估结果。

列出目标后，再逐条盘查目标的完成情况。数据比文字更具冲击力，能让人一目了然地看清结果。制作一份表格，将各项数据填入其中，最后得出目标完成比。比如，原定为公众号新增 2000 个粉丝，各种推广活动后，公众号粉丝增长 500 多，大约完成目标的 40%。

再次，我们要进行过程分析。

收集到足够的数据后，可以通过画树状图的方法进行分析。先写下核心问题，总结几个主要原因及次要原因，再分别分析主要原因、次要原因的形成要素，慢慢便形成了一个完整的树状图。这有利于我们保持缜密的逻辑，不遗漏任何细节问题。

最后，我们要进行总结归类。

将原因分析透彻后，多花一点时间去总结规律，或者提炼出一些原则，用以指导我们之后的工作和生活。当然，规律不是总结得越多越好，只需保留真正有价值的要点。而且，最好将复盘过程中的所有资料都保存下来，思考过程也用文字记录下来，以便日后使用。

《复盘》这本书中有这样一段话：人学习有三种途径，一种是自书本上学前人的知识，一种是从身边的人身上学其先进之处，一种是向自己过去的经验和教训学习。一个不会复盘的人，只会在同一个坑里摔倒两次，他们根本不具备迎接未来挑战的实力。

3/ "我就是个打工的"
——没有老板思维，再努力也是打工者

员工和老板所处的位置不同，接触到的圈子、信息也就截然不同，如果不从思维上进行突破，员工可能做一辈子都还在抱着为别人打工的心态。

"我拿多少钱，就做多少事。""又不给我加薪水，凭什么把事情都推给我做？""每月就这么一点薪水，交完房租就只能吃土了，我才不累死累活加班呢，太蠢了！"

职场中存在两种角色，老板和员工。大部分员工都抱着给老板打工的心态，凡事精打细算，这体现的是一种典型的员工思维。抱着员工思维的职场人士最怕不公平的事情落到自己头上，他们最关心的是短期的金钱回报，所以才会经常发出以上言论。

与员工思维相对立的是老板思维。秉持老板思维的员工做起事来往往更认真投入，对自己也有着更高的标准和要求。只因这一类人从

来不认为自己是在给别人打工。

在别人眼里，他们的劳心劳力、事无巨细、面面俱到都是因为太傻、太老实。而在他们自己看来，多为工作付出一点非但不是吃亏，反而是在占便宜。

因为这里存在一种并联的思维逻辑。当你全力以赴做好一项工作，其实是将自己的时间和精力同时出售了两次：一次出售给了你的老板，你因此获得了一份报酬和晋升的筹码；一次是出售给了你自己，你因此获得了成长，技能上也得以提升。

综艺节目《奇葩说》的舞台上，曾有一道辩题是："感兴趣的工作总是996，我该不该886？"经济学家薛兆丰掷地有声道："每一个人，每一个时候，都是在为自己的简历打工。不管公司能够维持多久，我们的这份简历会一直陪伴着我们。"

另一位导师蔡康永提出质疑："我们有不愿接受996的权利。"在他看来，员工完全可以和老板对谈。薛兆丰无情地反驳道："在一个企业里，你们面对老板，究竟有多大的议价能力？你们有多大的议价权？"他的发言引起了在场所有人的深思……

拥有老板思维的人懂得站在更高的维度上去思考自己的工作，指挥自己的行动。他们将手头的工作当作事业来经营，一边精益求精地去检视、修正自己的工作态度，一边努力获取知识，默默完成个人的提升、成长，从而让自己拥有更高的能力。去做自己想做的事情。

拥有老板思维的人总是愿意承担更多的责任，关键时刻他们甚至会挺身而出，主动替别人背锅。面对上司的命令，他们从不会机械麻木地去执行，而是主动踏入未知的学习区孜孜不倦地提升自己，同时思考更多的可能性，事后也懂得总结、反思。而秉承员工思维的人，总是一面抱怨着老板不够重视自己，一面全力躲避责任。

拥有老板思维的人通常能练就一身解决问题的能力。要知道，职场上的人在面对问题时，一般会表现出两种截然不同的思维模式：问题思维和解决思维。前者一遇到点儿难题就怨天尤人，后者却能及时调整好心态，把注意力放在如何解决问题上。问题思维几乎可以对等于员工思维，而解决思维则与老板思维一脉相承。那些职场精英无一不是解决问题的能手。

首先，拥有老板思维的人首先会问自己："我能多做点什么，让整件事情更圆满呢？"

拥有老板思维的人恨不得将一件事情做到极致。拿组织一场会议来说，会议之前的准备工作、会议过程中需要注意的各种问题，以及会议结束后的收尾工作，每个环节他们都会仔细地梳理与思考，不停地追问自己，怎样才能让这项工作更完美无缺。

他们很喜欢追问自己：如果是老板，他会怎样处理？他们从不把自己拘泥于当前的位置上，遇到任何问题，他们分析原因时永远都像剥洋葱一样往下多想一步，处理矛盾的时候永远都往上多想一步，具体实施的时候永远都比别人多做一步。

其次，拥有老板思维的人会把公司盈利的通用法则带入工作。

公司盈利的几个基本要素包括现金净流入、利润、周转率、资产收益率和业务增长率。具有老板思维的人不会将这些拗口的术语看作是专业书籍上死板的知识，而是代入实际工作中加以运用。他们平时会努力弄懂公司的运作模式，然后在制作每一份方案、设计或者年报的时候，都会考虑到销售收入、利润率、总存货、资产量和现金量等问题，并逐一用数据去显示。这使得他们设计出来的方案一般都具有实操性，而不是泛泛之谈。

再次，拥有老板思维的人时刻记得主动汇报工作。

有的职场人不喜欢主动汇报工作，觉得麻烦、耗费时间，殊不知职场工作向来是环环相扣的。具有老板思维的人一般会从全局出发思考问题，他们每隔一段时间就会主动汇报自己的工作进度和具体情况，以供上司参考。

身为老板，缺乏进取思维，和普通员工也没什么不同。身为员工，如果能拓展自己的思维、开阔自己的眼界，做什么都任劳任怨，同时敢于担当责任，则能一路晋升成为老板。你要变员工思维为老板思维，集中精力，打造属于你的职场核心竞争力。

4/ "功劳都是我的"
——分享思维，分享越多得到越多

职场上要学会分享，无论是工作经验、技能、心得还是功劳、荣誉。你分享得越多，未来越是拥有无限可能。

职场上有两种心理模式："私心"心理模式和"公心"心理模式。处于私心心理模式下的人最不愿意做的就是分享，他们习惯于将自己在职场摸爬滚打多年攒下的经验、心得都藏起来，谁也不告诉。有了功劳也牢牢独占，一听说要和别人分享就无比排斥。

明眼人都知道，想要在波诡云谲的职场中站稳脚跟，就要转私心为公心，学会分享。要知道你分享得越多，收获得就会越多，帮助别人无异于帮助自己。

分享其实是一个难得的锻炼自己的机会，因为同别人分享知识经验的过程，就是你用来提炼、总结之前零零碎碎的工作经验、巩固职业技能的过程。

比如，你虽然会使用 PS 的基本功能，但让你去教别人使用，你难免会有些心虚。为了让自己更专业一点，你肯定会在教别人前先自己下一番苦功。要么搜肠刮肚地总结经验，找到最简单的教授方法；要么从头到尾再熟悉一遍 PS 的具体操作步骤。所以说，你分享的次数越多，你对于某项知识、技能的理解就越深刻，你的能力也得到了强化与提升。

而且，在你分享干货之前，为了避免被别人抄袭或者超越，你一定会强迫自己对现有的技能、方法进行更新。于是，当别人还停留在最初版本的时候，不知不觉间，你已经升级到更高版本了。如果不愿意与别人分享，估计很长一段时间里你都会按照最初的版本来指导自己的工作，这样不仅做事效率低，还会阻碍自己成长的进程。

分享相当于一个持续输出、不断掏空自己的过程。当你感到自己肚子里空空如也，再没多少新鲜东西知识可供分享的时候，自然会逼自己静下心来学习。只要你一直保持着分享的状态，你就会不断地去寻找补给。所以说，掏空自己，反而能让自己强大起来。

职场上，你毫无保留地同上司、同事分享你的荣耀，能巩固你的人际关系，让你获得更多尊重与信任。就算有些成绩完全来源于个人的努力，你也不能高兴得过了头，将功劳据为己有。这只会给人留下好大喜功的印象，甚至引来一些心胸狭窄之人的嫉妒和报复。

不妨让那些属于同一部门，曾经帮过你的上司或同事来分享你成功的喜悦，加深了你在众人心中的正面形象的同时，又落了个顺水人情。有些聪明的职场人甚至会将自己的功劳巧妙地推回给上司，这相当于给自己未来的职场之路扫清了某些障碍。

不要担心分享会令你所扮演的角色被人忽视。其实，你做出了多少成绩，本身有多少能力，身边的上司、同事看得最清楚。

秦墨所在的小组在后期的项目开发中表现出色，其中，秦墨设计的方案得到了经理的大力赞赏。后来，经理特意将她叫进了办公室。经理助理找了个由头进去探查情况，出来后告诉大家，经理似乎正在和秦墨谈奖金、升职之类的事情。项目小组的人纷纷拉下脸。"凭什么啊，大家这个月不都在为这个项目加班吗？""对啊，怎么功劳都让她一个人独占了！"

还有人为项目组长方涛鸣不平："咱们组方组长付出的最多了，当初还是靠着组长的大力支持，秦墨设计的方案才会被通过！"方涛阴沉着脸，没说什么。

正在这时，经理发消息让所有人去会议室开会。等大家赶到时，还没反应过来，便得到了经理一番热烈的夸奖："秦墨告诉我，大家工作时都非常投入，好几个组员带病坚持工作，这太难能可贵了！尤其是你们的方组长，领导力一流，敢闯敢拼！"

说着，经理鼓励地拍拍方涛的肩膀，一向严肃的方涛此时情绪也松弛下来，脸上露出欣慰的神色。经理又承诺小组的每个成员这个月都可以拿到三倍奖金，并说这是秦墨为大家争取来的。那一刻，所有人都向秦墨投去感激的目光……

我们可以通过哪些途径来分享职场经验、心得呢？首先，写公众号、发朋友圈等都是很好的方法。我们可以将想要同别人分享的知识和经验用文档、图表的方式整理出来，发在朋友圈或者公众号里。当然，我们要琢磨分享的知识适不适合对方看。

这时候，不妨利用微信标签功能，给不同的好友设置不同的标签，这可以帮助我们对同事、客户、粉丝、朋友等进行精准输出。

其次，你可以尝试着去搭建分享的社群。

我们要将自己擅长的部分通过线上、线下等各种方式分享出来，搭建圈子和社群。当你吸引了更多志同道合的朋友加入你的社群后，你们之间的交流与沟通一定会激发出更多交互的灵感。你可以在这个过程中继续打磨自己的手艺，吸取更多宝贵经验。

职场上，分享才能传递、体现你的价值。一个喜欢分享的职场人，其理解力、学习力、责任心、眼光、见识、格局等都会得到锻炼和提升。

5/ "时间多的是"
——富人思维，有钱人总是花钱买时间

能力强的人，都在花钱"买时间"。而能力弱的人，总觉得自己时间多的是，一直在毫无顾忌地消耗自己的时间。前者是富人思维，后者则是穷人思维。

刘雨洁自豪地对朋友说，她在购物网站上淘到了一件物美价廉的衣服。原来，"双十一"来临前，她连上班的时候都在刷手机逛淘宝，不停地在淘宝上对比同款衣服的价格。为了能节省几块钱的邮费，她不惜和客服讨价还价到深夜……

穷人思维和富人思维的区别就在于他们对待时间的态度，穷人的时间不值钱，浪费在无意义的闲聊、网购、追剧上，一点不觉得可惜。《富爸爸穷爸爸》一书中明确指出，穷人思维就是用时间来换金钱。而富人永远将时间花在刀刃上，常常用钱来买时间，比如他们更愿意

选择飞机出行而不是乘坐火车。

职场中，这样的例子比比皆是。花费大量的时间去下载网上的免费教学视频，再按照视频中的介绍，去学习如何制作Excel、PPT，却舍不得报班去系统地提升自己；上班的时候熬时间，假装自己很忙，刷刷微博，看看豆瓣，数着还有几天到周末放假；为了省点通勤费，不去坐地铁，却耗费太多时间在等公交车上，结果一连迟到好几天……以至于技能、观念都停滞不前，长期处于职场底层。

职场精英们则将时间看得无比宝贵，但凡力所能及，他们会毫不犹豫拿大笔金钱来换取时间。而只要合理运用，单位时间能创造出的价值将远远超过我们的想象。最典型的做法是将专业的事情交给专业的人去做，而不是自己苦苦钻研、纠缠不休，将时间白白浪费在错误的地方。

李笑来说："你所取得的成就取决于你购买了多少别人的时间。"在职场精英看来，金钱远远比不上时间珍贵。然而，偏偏有很多人颠倒概念，为了节省小钱而白白损失了自我成长的机会。想要改变现状，就用富人思维去代替脑海中根深蒂固的穷人思维。那么，具体应该怎么做呢？

如果你是个繁忙的上班族，首先，你可以选择租住在公司附近，减少通勤时间。

很多北上广的上班人士租住在五环甚至六环外，虽然房租便宜，但每天上下班时间长达三四个小时。周末的时候，有些人纵然想出门社交或参加各种开阔眼界的活动，但一想到出行的麻烦便自动放弃，他们宁愿宅在出租屋里睡懒觉、追剧。长此以往，思维变得局限不说，也丧失了很多机会。如果搬到公司附近居住，虽然房租上可能增加不少，但他们每天最少能节省两三个小时的上班时间，这些时间完全可以用来充电或发展一门兴趣。

其次，你可以给自己的电脑安装固态硬盘。

一位资深职场人士说，办公室用久了的电脑或笔记本开机缓慢，平时打开 Word 文档都要耗费不少时间。自从他给自己的台式电脑安装上固态硬盘后，早上开机时，他的等待时间不超过一分钟，无论打开哪款软件，速度都快如闪电。自那以后，他上班时心情一扫往日的烦躁，比往日专注、愉快得多，工作效率也大大提升。

再次，你可以安装高速宽带。

工作的时候，若网速达不到理想效果是很影响状态的。不如用高速宽带来替代普通宽带，虽然投入的金钱多一点，但它能带给你很多便利。

另外，你还可以买一个扫地机器人或其他智能家用电器。

上班族时间和精力有限，多余的家务活能用机器解决便用机器解决。比如购买扫地机器人，平时都用它来打扫家庭卫生，周末再做一次深度清洁，这为我们节约不少时间。

一个人如何去定义自己的时间价值，几乎决定了他的未来。可见，在职场或生活中，如何利用有限的时间去高效地完成事情，是我们最该关注的问题之一。

6/ "越忙越穷"
——利用规划思维提高效率

很多人越忙越穷，是因为他们只关注眼前的危机，缺乏规划思维和长远眼光。

想必你也有过这样的体验：为了每个月的生活费、房租四处奔波，好不容易完成了这个月的工作任务，可没等停下来好好歇歇，下个月的压力又随之而来。

为什么很多年轻人整天忙得团团转，却依旧难以摆脱贫穷状态呢？哈佛大学终身教授塞德希尔和普林斯顿大学心理学教授埃尔德·沙菲尔通过研究证明：年轻人之所以会陷入穷忙的生活状态，大多是因资源稀缺而导致目光有限、视野狭窄。

贫穷人群的生活似乎延续着这样的死循环：低时间单位劳动值—低营养值—低级的感官刺激娱乐方式—返回低时间单位劳动值。

香港电视台曾做过一档名为《穷富翁大作战》的真人秀节目。

身价不菲的企业家田北辰根据节目安排，拿着50元的生活费住进了"笼屋"。他的工作是清扫工，为了省下13元的地铁费，他必须坐通宵巴士去上班。整整忙碌了9个小时后，他累得筋疲力尽，脑子里思索的都是"今天吃什么""住哪里"等问题，为了买到更便宜的盒饭，他积极地向同事打听秘诀。很多观众评论说："田北辰连思考模式都变了，开始像个'穷人'了。"

那些陷入贫穷死循环中的人大多拿着低廉的时薪。《稀缺》一书中的介绍印证了这一点：穷人每天疲于奔命，大多是为了解决一顿饭和一张床的问题，根本没有多余心力去考虑其他问题。解决温饱问题后，为了过上更体面的生活，他们不得不延长工作时间。而为了解决工作中遇到的种种难题，他们不得不调动所有意志力和精力去应对。于是，到了休息时间，他们便用大吃大喝、刷手机等举动来麻痹身心。

所以，有些人虽然工资很高，却属于"伪高收入人群"。因为他们的时间单位值很低，得靠长时间熬夜加班才能获得满意的收入。而对于真正的高收入人群来说，他们的时间单位值都是非常高的，这样的人懂得将时间和精力运用到更加重要的事情上。

电视剧《相爱十年》中有这样的情节：刘元最开始是一家日本企业的行政文员，每天忙着端茶送水、倒垃圾、擦桌子等。除了要做这些烦琐的体力活外，他每天都会抽出一定的时间去培训班学习日语。在默默努力的过程中，一个偶然的机会降临到刘元身上。

日企老总要参加一次活动，需要刘元帮忙。想不到刘元一口日语说得十分流利。而且他全程镇定自若，微笑满面，给对方留下了深刻的印象。这件事为刘元的晋升创造了契机，后来，他成为公司里职位最高的中国员工。

如何告别穷忙思维？《稀缺》一书中提出了不少实操性很强的方法。参考如下：

首先，我们在平日生活中要尽可能地减少决策，节约大脑"带宽"。

美国前总统奥巴马曾说："我尽量减少要做的选择，我不想花太多时间去考虑吃什么或穿什么，因为我要做的决策已经太多了。"Facebook（脸书）创始人扎克伯格也是如此，每次出现在大众面前，他都穿着简单的T恤。他从不在"今天穿什么颜色的衣服、穿哪种款式的鞋子"上花费太多时间，这样他就能将精力节省下来，应用在其他重要的地方。

在生活和工作中，最能对我们大脑能量造成消耗的便是做决策。记住，不要将精力浪费在订外卖、选择奶茶口味等微不足道的琐事上。

其次，你要记得留出"余钱"和"余闲"。

你要在学习理财知识的同时进行定期储蓄。为了增强动力，你不妨给自己设置清晰的理财目标，比如说两年之内实现买车梦，五年之内实现买房梦等。

在时间的安排上，切记不要把工作安排得太满。注意劳逸结合，在完成每天的工作计划的同时要学会放松身心，这样才能提高工作效率。

再次，不妨发挥想象力，在脑海中设置一只闹钟。当你没把钱和时间花在刀刃上的时候，闹钟就会按时响起。有了这只闹钟，你陷入穷忙状态的频率会变得越来越低。

为了摆脱这种糟糕的穷忙状态，从现在开始，你一定要有意识地将大部分时间、精力及有限的积蓄花费在最有价值的事情上。

7/ "我没有这方面的天赋"
——构建成长型思维模式

我们生来不完美，却可以改变自己。只要你满怀信心，并用成长的眼光去看待自己，无论是天赋、能力还是智力上的不足都可以通过努力得到弥补。

"我没有这方面的天赋，怎么努力都没用""我天生是个笨人"……职场中，怀有这般想法的人不在少数。这些话的背后，反映的是一种固定型的思维模式。

这样的人通常认为自己的特性是固定不变的，天赋才是人们取得成功的决定性因素。他们往往对于工作的成就动机以及对问题的归因认知得不清晰、不深刻，并任由自己处于被动等待的消极状态中，却抗拒主动学习。所以他们会一再抱怨公司环境不好、待遇不高、工作枯燥烦琐、晋升渠道狭窄等，却不会从自身寻找原因。

与固定型思维形成鲜明对比的是成长型思维。"成长型思维模式"的提出者卡罗尔教授认为，人的能力、智力等是变化的，可以拓展的。那些具备成长型思维的职场人士在面对挑战时，总会选择迎难而上，他们将挫折与困难视为自己学习的机会。他们在乎的不是自己表现得是否完美，或者暂时得到了什么利益，而是能否从中挖掘到乐趣，学到东西。

美国斯坦福大学教授卡罗尔·德韦克曾听说过这样一件事，在芝加哥的一所高中，有些学生在毕业前可能无法通过所有课程。如果有学生某门课不及格，在成绩单上，这门课将显示为"暂未通过"，这带给卡罗尔很深的启发。为了验证自己的想法，她邀请一批 10 岁左右的孩子来做实验。实验过程中，她为孩子们设置了种种困难和挑战，有些孩子选择积极应对，这让卡罗尔大吃一惊。事后，卡罗尔说："这些孩子明白，他们的能力是可以提升的。"但是，另一些孩子在面对这些难题时却抱着逃避的心态，他们闷闷不乐，仿佛面对的是一场灾难。卡罗尔特意检测了这群孩子面对困难时的脑部活动图像，结果显示，那些表现积极的孩子的大脑一直在高速运转，他们积极地应对挑战，并积极地从大大小小的错误中总结经验，而那些选择逃避的孩子的大脑的活动量却很低。

如果你认为自己的能力会固定在某一水平线上，永远无法提升，那么，你迟早会面临被淘汰的结局。毕竟职场人士所能提供的价值就是自我的价值。

你真正应该做的是积极地转变思维，就像大石哲之所倡导的——从一个消费者变成一个生产者。你要将所有抱怨、成见都化为动力，积极地从手头的工作中汲取有益的部分，并创造属于自己的核心竞争力。

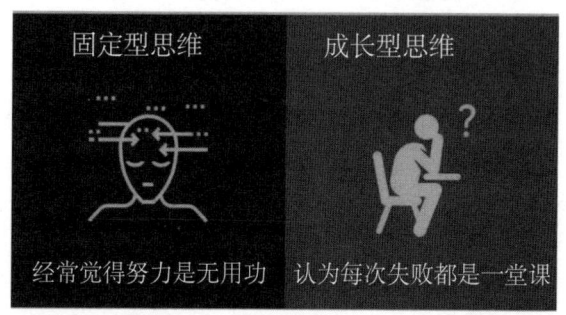

每个人都是矛盾体，既有成长型思维，也有固定型思维。可参考如下方法去构建成长型思维模式：

想要让成长型思维在我们的大脑中占据主导地位，首先，你要懂得接纳。尤其是在遇到困难想要逃避的时候，先冷静下来，接纳这个想逃避的自己。

其次，产生逃避心态的时候，观察是什么事情刺激到了你的固定性思维，回忆当时的感觉，复述并分析当时的心理活动。

再次，你可以给固定型思维模式的人格命名。比如，你可以叫它"笨蛋""懒虫"，想象它躺在你的脑海里，每次在你试图改变自己的时候在你耳边叫嚣："你天分这么差，别垂死挣扎了。"

最后，你可以尝试着和固定型思维模式的人格沟通。当脑海中出现质疑你能力的刺耳声音的时候，不要附和它，尝试着和它沟通。如果它对你说:"你不行,你太差劲了。"坚定有力地反驳、劝导它:"我不想坐以待毙,就算会失败,我也想尝试一下,你可以对我有耐心一点吗?"

爱迪生曾说:"失败也是我需要的,它和成功对我一样有价值。"成长型思维的人认为失败也是学习的过程。他们不愿故步自封,所以才能冲破成长的障碍,成为最好的自己。

PART

04

精准努力，跳出"高付出低收入"的怪圈

1/ 比什么都不做更可怕的，
是什么都做

职场上，凡事不加分辨地用尽全力，只会陷入高付出低收入的怪圈。我们该做的是精准努力，把自己所有的忍耐力和执行力放在最关键的事情上。

有这样一群职场新人：积极努力，事事冲锋向前。可不管他们如何卖力工作，都难以得到领导的认可。他们每天都活得很累，结果几年过去了，还是没能过上自己想要的生活。

有这样一种职场领导：认真负责，心里时刻惦记着部门的大小事情。无论是每个月的 KPI（关键绩效指标）还是团建活动策划等，他都要亲自过问。他不断加班，事情却越管越多，越管越忙，部门成绩也始终达不到预期。在下属看来，他不过是个看似有实力，能力却很平庸的上司。

职场上什么都做，并不代表努力。一味熬夜加班，也并不一定会使你很快超过同事，顺利得到老板的赏识。而在所有事情上全情投入，正好印证了那句话：用战术上的勤奋，掩盖战略上的偷懒。这就是你如此"勤奋"，却始终看不见成功的原因。

有些职场新人之所以整天忙得团团转，是因为同事总是将工作推给他们做。为了帮别人的忙占据了自己太多的时间，导致他们拼命压榨自己的时间，加班加点地做分内工作。尽管他们安慰自己：多做一点也没什么坏处，又帮了别人的忙，又让自己增长了知识和经验，可当他们慢慢养成习惯了，便彻底模糊了"哪些事情该做哪些不该做"的界限。

还有些人根本不知道什么事对自己最重要，误以为选择越多，结果就越好。可时间久了，你会发现，你在那些不重要的事情上投注再多的精力，也很难获得与之相匹配的收益。一旦因此耽误了那些真正能对你的人生产生影响的事情，只会追悔莫及。

刘峰职场经验不是很丰富，他认为勤能补拙，于是事事积极认真。不管老板给他布置什么任务，他都掏心掏肺地去做，恨不得一天 24 小时都围着工作转。他经常主动留下来加班，并在心里安慰自己，多学一些也没什么坏处。老同事有事找他帮忙，比如打印文字、排版、做 PPT 等，他也是来者不拒，将这些视作锻炼自己的机会。

同一批入职的同事劝他："你没必要每件事都抢着做。"他却笑笑说："我想早点追上大家的脚步。"然而，尽管他态度认真，领导却总是批评他做事没有效率，办公室里接受过他帮助的老同事们也对他越来越轻视，动不动就对他呼来喝去，这令他很郁闷。

所谓能者多劳的道理，在职场上不一定行得通。要知道，越是艰难重要的工作，所需投入的时间、精力和资源就越多，你什么都大包大揽，反而从侧面证明了自己的分内工作并不那么紧急重要，同时给别人留下了无足轻重、微不足道的印象。

你什么都做，什么忙都帮，渐渐就会埋没了自己的专长，不仅自己得不到有效成长，还给上司和同事一种错觉，认为你本人没什么能力，只能做一些琐事。

成长路上，要学会拒绝。有些事情即便你能做，也要选择不做，这并非推卸责任，而是为了去做更有价值、更重要的事情。比如，你可以采取"双赢"法去拒绝别人。

如果你拒绝同事的请求时于心不忍，又怕会得罪对方，不妨在拒绝之前想出一些折中方案。比如，如果有同事请求你帮忙给他做一份PPT，在拒绝对方的同时给对方发一些经典 PPT 模板，供他参考；有同事请求你帮忙搜集一些资料，拒绝的时候不妨给他提供一些搜集资料的实用性网站等。这样便能委婉地拒绝别人，也不会伤害彼此间的情谊。

另外，你要学会授权。如果你在职场中扮演着管理者的角色，为了有时间处理更重要的工作，最好将不同的工作任务分派给不同的人去做。切记不要大包大揽。

对于那些可以靠技术解决的问题，没必要非得自己亲自去做。聪明的人会让"自动化"代替重复性工作。比如，修改文稿的时候，不妨使用 Word 的修订功能来跟踪变更；使用 Word 的自动比较差异的功能去凸显多个版本文件的不同之处在哪里。借助工具，你就不必一遍遍改，一遍遍人工检索对比。

更重要的是，你要学会反推目标，形成执行清单。在实现目标的过程中，我们可能会做很多无用功。这时，不妨将目标拆解成一个个具体的、可操作的细节，逐步反推，以列出一份执行清单。比如，你的目标是完成一份推广活动，反推如下：确定活动要增加多少粉丝，为了达到吸粉目标需要设定怎样的方案，方案有哪些实现渠道，需要投入多少人力资源，准备多少物料等。

在职场上什么都做是很不明智的，我们要做就做对公司而言重要的事。当然，大部分职场新人缺乏经验，短时间内无法理清自己的职业规划，也不知道做些什么事对自己的成长之路有帮助。如果你也有这样的困惑，不妨先搞清楚什么事情对公司现阶段的发展最重要。比如，你在一家互联网创业公司工作，这时候，公司推出一款新产品，那么对于所有工作人员来说，如何做好新产品的营销、推广及用户增长是这一阶段最重要的事。

野口真人在《精准努力》这本书中提到一个观点：与其在职场上"鞠躬尽瘁"，不如做到"不可或缺"，因为职场中创收能力高的人才永远不会被淘汰。与其凡事都不计回报的投入，毫无效率地瞎忙，还不如精准努力，在最重要的事情上压上全力，让自己越来越值钱。

2/ 学会运用时间 管理的"二八法则"

时间管理的目标其实并不是"时间"，面对时间进行的"自我管理"才是时间管理的核心意义。掌握时间管理技能，能让我们最大限度地压榨目前所拥有的时间。

职场上出现了很多"穷忙族""迟到族"等现象，都是职场人不注重时间管理所造成的。当别人将时间安排得从容紧迫，有条不紊的时候，不妨问问自己："为什么只有我没有时间？"

所谓时间管理，指的是通过预先规划和运用一定技巧、方法及管理工具来实现灵活控制及有效运用个人时间，从而一步一步实现自己的职业目标。而在所有的时间管理工具中，"二八法则"极具实用性，把握住那关键的20%，一切问题都能迎刃而解。

对二八法则一知半解的人误以为职场时间管理的本质是"抓紧时间将所有事情做完"，结果在实践的过程中，事情似乎越做越乱、越做越多，怎么也理不出头绪。其实，二八法则的重点在于你要决定什么事情该做，什么事情不该做。

当夏铭踩着上班铃声走进办公室时，他脑中冒出一个想法："今天有很多事情要做，要清理自己的办公桌卫生，要和客户沟通，要给办公室的部门预算草拟出一份方案……"

为了节约时间，他连早饭都没顾得上吃，便直接拿来扫帚和拖把，打扫起办公室的卫生来。他花了很多时间扫地拖地，整理办公用品。中途又发现桌上的一堆文件实在是太乱了，没头没尾地堆在一起。于是，他又花了一上午将桌上文件分门别类地整理完毕。

下午，他刚想和客户沟通，谁料同事突然向他请教一个问题。他只得硬着头皮陪对方聊了下去，这场谈话一个小时后才结束。在与客户沟通的过程中，他又被各种事情打断，直到下班前还是没能和客户达成共识。下班时，夏铭皱着眉想："部门预算方案明天就要交，看来今晚得通宵加班了，哎，真是一点私人时间都没有了……"

二八法则由经济学家维尔弗雷多·帕雷托提出，他在研究意大利经济形势的时候发现，20% 的人口占有 80% 的土地，20% 的植株产生了 80% 的豌豆。帕雷托立即想到：原来能够产生大部分效果的往往是少数派，控制重要的少数因子便可控制全局。

这一研究成果后被应用到时间管理上，逐渐形成"二八时间法则"，它带给我们的启示是：工作中，我们应避免将过多的时间和精力花费在普遍而又琐碎的多数问题上，不妨提纲挈领，关注重点，只要抓住事物的主要矛盾，便可达到事半功倍的效果。

很多职场人士平日工作中所做的绝大部分事情都是低价值的，对结果起不到实质性的帮助。真正关键的那20%的事情却被我们含糊带过，淹没在密密麻麻的行程表中。

例如，如果你今天最重要的工作是撰写方案及和客户沟通，那么打扫卫生、帮助同事解决问题等琐事都应该推后处理，当务之急是做好这两件事情。若上司安排你为他撰写一份会议演讲稿，那么前期搜集资料或做其他准备工作可能需要占用你20%的时间和精力，真正下笔去写到最终完成需要占用你80%的时间。如果你本末倒置，在前期准备上耗费了绝大部分时间，撰写计划一定不能按期完成。

再举个例子，如果你的本职工作是文案策划，你却在如何与人打交道、提升沟通技巧等方面倾注了80%的时间和精力，你的职业之路一定不会走得很顺利。如果你人生80%的时间都耗费在错误的方向上，你很难实现阶级跃升，加入20%的职场精英的行列之中。

我们如何运用时间管理的"二八法则"呢？首先，利用四象限法来分清"主次矛盾"。

按照时间管理四象限法，将这一阶段的职场目标及分内工作进行归类：

1. 重要紧急

重大且紧急的状况，迫切需要解决的问题。

2. 重要不紧急

较重要但不是限期完成的工作，长远的目标，比如建立人际关系，增进某项技能等。

3. 紧急不重要

工作中迫在眉睫的事，比如回复某封邮件、信函等。

4. 不重要不紧急

工作中的一些琐碎之事，比如打印文件等。

如果我们缺少了对工作的前瞻能力，很容易将 80% 的时间浪费在无意义的事情上。先权衡各项目标及工作任务的优先处理顺序，分清主次矛盾，合理地规划时间。

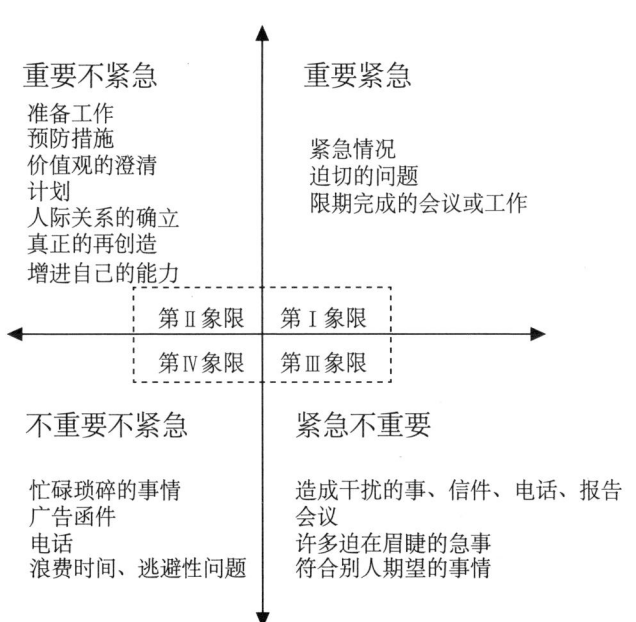

具体做法是：如果当下正面临着一项或几项重要且紧急的工作任务，不妨先将其他事情推至一边，集中时间和精力去处理。长远来看，我们应尽量减少这一类事件的数量，提前做好规划。很多事件之所以从"重要"升级成"重要且紧急"，正是因为我们总是在拖延。

对于重要但不紧急的事情，关键点也是做好规划，在保质保量的实施的同时，留出一定的时间差。长远来看，我们需要持续不断地在这一类事情上投入时间和精力。

对于一些不重要但又紧急的事情，首先，要划清边界。若超出了自己的职责范围，坚决拒绝。而不重要又不紧急的事情，可利用碎片化时间去处理，或者在专注力分散的时候处理。

其次，我们可以采取柳比歇夫时间管理法。书籍《奇妙的一生》中提到了一个时间管理法则，步骤如下：

记录：制作耗时记录卡，准确记录自己时间的耗费情况。

统计：对自己时间耗费的情况进行分类统计，并绘制成图表，看看自己每天花费在各种工作任务上的时间有多少；用于开会、听汇报的时间有多少；用于各种办公室琐事的时间有多少；用于打游戏、看小说等娱乐项目上的时间有多少。

分析：对照自己这一阶段的工作效果，分析自己时间耗费的情况，找出原因。原因包括：耗费大量时间在无意义的工作上；完成超出职责范围内的工作；犯过去犯过的错误；在开会及处理办公室人际关系上浪费了过多的时间等。

反馈：根据分析结果，重新制定计划，并反馈于下一时段。

除了手绘图表、分析、记录外，我们还可运用各种时间管理的软件来帮助自己做好规划和记录，测试工作效率，比如微软公司出品的 Outlook 等。

每个职场人都该进行一场时间革命，利用二八法则及其他时间管理工具去帮助自己提高效率。

3/ 找到你的高能量时刻

精力管理属于一种能量管理，找到自己的高能量时刻，工作就会变得很轻松。最重要的是，你能让自己达到一种可持续发展的能量平衡状态。

专家研究发现，人一天中有 3 个时段大脑功能会处于"黄金高峰"，注意力容易集中：

第一个黄金时段是清晨 6 点到上午 10 点之间，人的大脑细胞在这一时期十分活跃，无论是记忆力、感受力还是逻辑思维能力都可以达到顶峰状态；

第二个黄金时段是下午 3 点到 4 点之间，这一时期大脑思维活跃，理解力较强，有的人会利用这段时间来攻克比较难的工作任务，或者学习新的知识点；

第三个黄金时段是晚上 7 点到 9 点间，此时人的思维较敏捷，亦属于学习的黄金时期。

心理学上有个概念叫"心流体验"，它指的是一个人全身心地投入做一件事时所产生的心理状态。如果你能够在自己精力最充沛、注意力最容易集中的时候去处理工作或学习，会很容易获取心流体验。当你沉浸进去的时候，甚至会忘记时间的流逝。

当然，每个人的生理节律及注意力曲线是不同的。有些人早上精力充沛，工作效率也高；有的人在早上却经常处于昏昏沉沉的状态，注意力很难集中。

每个人每天都会有一段思维活跃的黄金期，我们可以利用这段时间去做极具创造性的工作，比如写作、设计等。拿李筱懿来说，她状态最好的时候是早晨刚起床时，所以她安排自己在那个时间段内写作。我们普通人也必须找出自己工作状态最佳的时间段，并做好规划，在合适的时间段里为自己安排合适的工作。

这与彼得·德鲁克在《有效的主管》这本书里所提倡的观点不谋而合，他说："效率是'以正确的方式做事'，而效能则是'做正确的事'。效率和效能不应偏废，但这并不意味着效率和效能具有同样的重要性。我们当然希望同时提高效率和效能，但在效率与效能无法兼得时，我们首先应着眼于效能，然后再设法提高效率。"

在正确的时间做正确的事才能实现精力管理。我们可以通过以下方式去寻找并最大化地利用自己的高能量时刻：

首先，你需要去检测你的"黄金时间"。很多人对自己的注意力曲线认识得不够深刻。其实，你可以拿出一个星期来做实验，检测自己一天的能量变化，找到自己的黄金时间。比如，在早睡早起、坚持锻炼的前提下，检查自己什么时候思维最活跃、注意力最集中，什么时候容易疲倦。

其次，你要适当"切割"任务。为了测算你在困难任务上投入的时间及精力预算，你可以适当地缩减工作量，或将一些无关紧要的任务委派给别人。

再次，你可以拟定一个"维护日"。将日常生活中那些琐碎的清理维护任务集中在某一天内解决。比如，每周六都用来洗衣服、大扫除等，一次性解决这些任务，能延长你的黄金时间。

最后，一定要记得管理你的心理能量。如果你的心理能量降低，就算你拥有一段独处的时间，也很难达到高效的目标。一般我们情绪起伏大的时候，就是我们心理能量最低的时候。所以，尽量不要在黄金时间去处理一些会引起我们情绪起伏的事情，比如在学习间隙与喜欢或讨厌的人聊天等。一旦你的情绪被点燃，久久无法平静下来，你就再也无法进入学习状态了。

你要想办法提高自己对时间的利用效率，比如将最重要的事情安排在自己精力最充沛的时间段集中去处理。唯有找到自己的高能量时刻，才能实现精力管理。

4/ 别让你的努力只停留在仪式上

有人声势浩大地在朋友圈展示各种努力的姿势，结果却一无所获，而有些人从不炫耀努力，却在不声不响中实现了理想。别再让仪式化了的努力麻痹了你、欺骗了你，最终耽误了你。努力是一种需要学习的才能。

朋友圈有这样一类人，半夜两点晒着加班工作的自拍，再加上一句"再累也要坚持"，评论下面一大半都在称赞，但是就是人人都以为无比卖力的人成为公司裁员时第一个被炒的人，原因是没有任何工作成果，朋友圈又会来一条"不管怎么样，我已经尽了自己最大的努力，无怨无悔"。我们能看到的是朋友圈包装的一个勤奋上进的人，但是事实怎样，结果已经给了最好的答案。

我们的微信好友里永远存在着这样一群人，他们每天忙碌不堪，尤其喜欢在朋友圈里发"你从没见过的凌晨四点的天空""努力，是人生唯一的信条"，再配一张半夜加班的自拍。事实却是别人白天都在高效工作，他却在刷微博聊微信。

看到别人都在努力提升自己，你担心自己被淘汰，决定提高自己的专业能力。你上网买了很多课，并为自己的努力制定了周密可行的计划，为了监督自己，每天坚持朋友圈打卡，汇报自己的学习进度。

这时候，你不会再感到恐慌，心里因为"努力"而变得踏实许多，你的行动被同事好友看在眼里，他们的夸赞也让你确认了自己"努力者"的身份。也正是你内心的踏实感和别人夸奖你时产生的荣誉感让你的努力逐渐变成了一种流于表面的仪式。实际上，你的努力并没有实质的收获。

乔布斯曾说过："当公司变得越来越大的时候，他们会想着复制最初的成功，大部分人会不知不觉地认为流程可以取得成功。所以他们开始把公司流程制度化，用不了多久，人们会较为困惑地认为走流程就是工作本身，最终导致公司的业绩下滑。"

流于表层仪式的你也把完成那一套周密的计划当成了努力本身。当你把计划本身当成了努力的时候，你关注的是计划的完成度，而不是完成计划后的实质性收获。前者不过是一种掩人耳目和自欺欺人的行为，后者才是一个人进步所凭借的实质性的内容。

停滞不前的能力和分文不涨的工资像一个响亮的巴掌打在了你的脸上，让你不仅感受到火辣辣的疼痛，还让你羞愧万分，你终于看清了，自己的努力只是一场流于表面的仪式，并有任何实质性的收获，这样的努力像一碗毒鸡汤，暂时性地麻痹了自己的神经，也让麻痹中的自己错失了提升的最佳时机。

记住，聪明的人会将自己的努力"藏"起来。试想，你风风火火地为某个目标努力时，势必会对同在追逐这个目标的人构成威胁。这些人可能吹捧你，也可能贬低你，吹捧的目的是让你洋洋自得，贬低你的目的是让你备受打击，但最终的目的都是为了让你失败。

首先，你的努力需要收敛一点，不要再把读书、培训、加班的照片发到朋友圈里，也不要把自己的计划和行动说给别人听，更不能秀成果、晒业绩。你的一切努力都要在默默中进行，努力的成果也要默默地去享受。

其次，每当完成一定任务时给自己制定一个小考试。你有没有发现，学生时代，每一次考试你都会有要露馅的感觉，考试是检验学习成果最好的办法。考试能让你感受到压力，这样的压力会敦促你更加踏实地去努力。比如，读完几页书后让自己去回忆一下读过的大概内容。最开始你会为自己回答不出这样的考题而内疚，下一次读书的时候你就会更加地用心。

最后，一定要让你的目标实质化起来。很多时候我们把完成计划本身当做了努力是因为计划本身出了问题，比如每天读多少页书、写多少字、加多长时间的班。这样的计划很容易让人流于形式，你不妨把每天读几页书换成每天写多少字的读书笔记，把每天写多少字换成每篇文章发出去后收获的阅读量，把加班的时长折算成精确的工资。目标实质化之后，你再无法欺骗自己。

不要假装努力，结果不会陪你演戏。真正厉害的人从不炫耀，也不声张，遇到的艰难和压力都默默地扛在肩上，执着的信念和不懈的拼搏都放在心里，只是沉下心一股脑儿地向前冲。

5/ 聪明人从来不在
"无效社交"上浪费时间

真正有意义的社交是一种无形的投资，相当于"等价交换"。而一旦你走入无效社交的误区中，只会白白浪费时间和精力。

在你的职业生涯中，可能对这样的场景并不陌生：

跑到所谓"大牛"聚集的饭桌上，跟一群陌生人嘘寒问暖，客套个不停。毕恭毕敬地向别人敬酒，找机会让别人加你的微信，但是三天后你再联系他，他却记不清你是谁……

因为怕得罪同事，即使没必要也会认真回复每一条信息、每一封邮件；即使不乐意，也不敢拒绝同事 K 歌、逛街的邀请……

你是否也在这样的无效社交上耗费了太多的时间和精力？明明自己也觉得累，疲于应付这一类的社交活动，可又觉得积累越多的人脉越有利于自己的职业发展。

社会心理学家曾就"一个人一生中同时交往的朋友数量极限"为

主题，做过相关研究，结论大概是 10 个、30 个、60 个。

所谓"10 个"，指的是你陷入困境之时，把身边所有亲朋好友算上，愿意无条件帮助你的不会超过 10 个人。而这 10 个人便是你真正的朋友。

所谓"30 个"，指的是你熟知的、偶尔会联系的朋友。比如你高中时期的同学、大学时期的室友、前同事等。

所谓"60 个"，指的是那些关系最淡、只能算得上点头之交的朋友。比如你在某个场合中认识了某人，互相加了微信，但没什么事就不再联系了。

"朋友"这个概念是很宽泛的，你哪怕精力再旺盛，也很难同时交往超过 100 个朋友，其中，能稳定交往、互相给予支持和帮助的真朋友寥寥无几。如果我们将时间浪费在维护 60 多个流动的"朋友"身上，哪还有时间和精力去发展自我职业规划？

职场精英们首先对"社交"的意义和作用有着明确的理解。所谓社会交往，无非是双方社会资源的交换。而在你没有掌握真正有价值的社会资源之前，你所认识的朋友要么是"点头之交"，要么是"酒肉之交"，等你真正有需要的时候，能帮上忙的人少之又少。

青年作家李尚龙曾写过一个故事，他去北京上大学，父亲给了他一个忠告：多交朋友。于是，大学期间他酷爱社交，参加了好几个社团，只要有活动就会去参加。他还曾一度将留到别人电话的数量当成炫耀的资本。可是，他交的"朋友"虽多，却总是被忽略；

去的场合越多，但永远只能当背景板，而且活动结束后，留下打扫卫生的永远是他。

后来，李尚龙认识了一位老师，他一直对这位老师尊敬有加，可当他需要对方帮一个微不足道的小忙时，对方却冷冰冰地回复了一句"我没空"。几年后，他已经成为一名英语老师，某天深夜接到一个电话，竟然是当年的那位老师。电话中，对方一直在套近乎，口气中讨好的意味十分明显，原来他需要李尚龙帮一个忙。李尚龙没说什么，静静地挂断了电话。

只有那些能吸引别人、影响别人的人才算得上是真正厉害的人。你自己不厉害，认识再多厉害的人也没用。人都是很现实的，如果你跟别人做自我介绍时都很心虚，对方又怎会将你放在心里？如果你的社交仅仅局限在互相加微信、留电话的层面，却缺少进行交换有效的社会资源，那么你对于对方而言便缺少交往价值。

浪费时间和精力去陪差不多层次的人K歌、喝酒、撸串，帮助同事处理工作上的琐事、背黑锅等，这些活动更不叫社交。如果对方既不能带给你情感上的温暖，又无法帮助你成长，更无法在你需要的时候伸出援手，那么你的付出又有什么意义呢？

我们要拒绝无效社交，更不要主动发起这一类的无效社交。无效社交圈一般有着三个特质：同质化、缺乏交集、缺乏流动性。我们在摒弃无效社交的同时，要积极地建立有效的职场社交圈。那么，具体应该怎么做呢。

首先，你要积极地去创造互惠价值。回想一下，社交场上别人是怎么介绍你的？"他是我的朋友""她是一个很安静的女孩"……

别人又是怎么介绍那些优秀的人的？"她是资深导演，作品很多""他是业内最知名的摄影师，拿过摄影大奖""她经营了一个公众号，篇篇文章都超过 10 万的转发量"……

如果你的职业方向是科研、艺术、创作等领域，或者从事的是技术、设计型工作，你其实不必主动去寻找社交渠道，因为这些职业、行业、领域得靠绝对的实力来展示自己。先将你擅长的事办到极致，专业深耕，把自己变成能为他人提供价值、值得别人交往的人。

其次，你要尽可能地减少无效网络社交。哪怕平时再忙，你也会见缝插针地和微博好友、豆瓣好友聊天。不忙的时候，你恨不得整天泡在各种会话组里，在各种同学群、好友群里插科打诨。其实，互相之间聊的那些话题都很琐碎、没有营养，这种网络社交毫无质量可言。

或许我们无法完全杜绝网络社交，但可以精简社交关系，从而减少无效信息对我们的干扰。比如屏蔽不太熟悉的人，退出没有必要的群组，将群组消息设置成免打扰，工作和生活使用的社交工具分开，只在特定的时间段进行网络社交，将大部分时间和精力都集中在工作上等。

另外，你可以利用高质量的社交活动，帮助自己求职、晋升。如果你从事的是销售这一类需要同人打交道的行业，就需想方设法去寻找一切有效的社交机会，为自己获取资源、获得请教机会而努力。

比如，与其挤破头去参加一些大型宴会，不如去参加或举办一些行业小聚会。将人数控制在十人左右，这样更能深入谈论话题，加深友谊。

在自己主办的聚会或酒会中，如果你对其中的一位或几位对象十分感兴趣，一定要给他们足够的尊重。举办之前，诚挚地邀请他们参加。聚会进行过程中，让对方以贵客、特邀嘉宾或老师的身份出席。介绍对方时，尽量详细具体，让对方体会到你的诚意。

在某个公开场合认识某个重要人物后，不妨在第二天利用微信主动与对方攀谈，因为公开场合的交流总是会受到时间、场合的限制，导致双方交流无法深入展开。

对于那些你十分在意的人，可以利用私人信件去和对方联络友谊。如果对方态度冷淡，知趣一点及时结束话题，这样就算对方依然不把你放在心上，你却给他留下了好印象。

将时间花在无用社交上，不但对自己的职业成长毫无帮助，还可能破坏自己的思维方式，搅乱自己的三观。记住，职场精英们努力寻找资源，是为了获得更多的有效社交。

6/ 跳出手机使用的时间黑洞

也许你正深陷手机使用的时间黑洞无法自拔。其实，手机或各种五花八门的 App 并不是时间白白流逝的罪魁祸首。只要运用得当，你甚至可以利用手机来为自己的时间增值。

"感觉中了抖音的毒，停不下来了。有时候好像没玩多久，一看时间已经过去了两个小时……""明明说好了只在午休时间打一盘王者荣耀来放松心情，结果整整玩了一下午……""每天都发誓要好好睡觉，不再熬夜，结果睡前又刷了下朋友圈，早睡的计划又泡汤了……"

豆瓣小组的一个帖子下面，网友们纷纷晒出自己每天的手机使用时长。绝大部分网友都达到了 4 到 5 个小时，个别网友达到了 10 小时以上，有的人甚至熬夜去玩手机。

根据 App Annie（一家移动应用程式市场研究机构）公布的 2018 年度全球移动应用市场发展报告可知，该年全球 App 下载量排名前五大的市场之中，中国排名第二。

在"App 消费额"方面，全球用户在应用商店平台上花费的金额以手机游戏应用 App 所占的比例最高，高达总支出的 74%。全球用户在应用商店支出较多的国家分别是中国、韩国、美国等，中国市场用户支出占比在 40% 左右。而在"App 使用时间"方面，2018 年用户每天使用手机 App 的时间长度高达 3 个小时，并正呈现持续上升的趋势。

绝大部分职场人士都曾经有过或者正在经历"掉入手机使用的时间黑洞"的体验。我们好像患上了各种各样的手机综合征，"刷屏强迫症""易受打扰体质"等现代病。每当我们坐在办公桌前，不知不觉间就一天过去了，检查工作量时却发现该做的事情几乎都没做。

我们的时间都被哪些黑洞占据了？部分是被手机消息的提示所吞噬。你一天中会接收到无数条消息，可能是骚扰短信，可能是系统更新消息，可能是 App 推送信息……如果隔一段时间就查看一次，你就总也进入不了工作状态，效率大大降低。

手机所能产生的时间黑洞还包括游戏和内容类 App。手机上的游戏不受场地、游戏设备的限制，随时随地都可以玩，人们不知不觉间就在游戏上浪费了大量时间和精力。

内容类的 App 都是针对你喜欢的和感兴趣的领域不断向你推荐内容，新颖的图片、猎奇新闻、有趣的文章，一旦刷起来便没完没了，想要从中抽身而出无疑是难上加难。

周梦琪在一家单位里担任着一份闲职，平日工作比较轻松，奇怪的是，她时不时就得熬夜加班补工作量。有一次，她又在好友群里抱怨自己近一周来都在加班，有朋友好奇地问道："你工作不是很轻松吗，怎么老是加班？"梦琪抱怨说："主管突然让我交一份3000字的报告，我这几天都在写，累死我了。"朋友问："3000字不多啊，不至于要做一个礼拜吧？"

梦琪解释说："这份报告涉及很多数据，我得一一去核实。可是我的思路老是被打断。尤其是晚上加班的时候，手机没过一会儿就响一声，要么是一个微信新消息提示，要么谁又更新了朋友圈动态，要么是群里谁又分享了个好玩的链接……"

朋友提醒道："你应该将手机设置成静音，或者加班期间屏蔽群消息啊。"梦琪气急败坏地道："你又不是不知道我是个'手机控'！人家真的做不到嘛！"

为什么我们对内容类的 App 欲罢不能？它与行为上瘾息息相关。拿抖音来说，当你连续不断地刷抖音时，大脑中的多巴胺瞬间激增，行为上瘾因此而形成。

美国心理学博士亚当·奥尔特在其著作《欲罢不能：刷屏时代如何摆脱行为上瘾》中曾逐一列出行为上瘾的构成要素，包括极其诱人的目标；无法预知的积极反馈；越来越有挑战性的任务；逐渐改善的感觉；无与伦比的刺激、紧张感；强大的社会联系等。抖音及其他内容类的 App 以及手机游戏，它们的魔力正在于此。

察觉到时间黑洞发生在自己身上时，一定要尝试使用各种策略去对抗它。制定日常清单列表，给自己设立打卡计划，通过这样的方式来鞭策自己。具体可参考以下方法：

首先，我们可以定期关闭无线网络，设置勿扰模式。

工作时，我们可以将手机设置成静音，并关闭无线网络或者所有的应用提醒，或者干脆将手机调成飞行模式放在一边。在家工作的时候，将手机关机放在客厅里。总之，采取各种手段去阻拦来自手机的干扰，让自己拥有更多的黄金专注时间。

其次，该使用手机的时候，利用手机高效学习。

比如，我们要将帮助自己学习的 App 放在手机屏幕中最醒目的位置，将淘宝、京东、抖音等购物、娱乐类 App 用文件夹层层隐藏，让自己找起来的时候烦不胜烦。

我们还可以利用手机 App 来进行阅读、听课、进行专栏学习、输入及整理笔记等，这意味着我们在下载 App 的时候要有所取舍，尽量选择实用类 App。比如学习类、笔记类等。在走路、运动的时候，不妨使用音频类 App，提高时间利用效率。

我们可以每天删除一个 App，或者每下载一个 App 前，先删除一个 App。将手机真正当成一个学习或工作工具，让自己手机上保留的都是工具类、学习类 App。

再次，尝试手机管理工具，如"抬头""不做手机控"等 App。

很多人为了控制自己玩手机的时间，将手机软件全部卸载，没过几天又忍不住重新下载，就这样装了卸、卸了又装，反而浪费了更多时间。面对这种情况，不妨尝试着利用管理手机的 App 来帮助自己戒掉手机。

比如随时随地记录手机使用时长和使用轨迹的 App "抬头"，你可以在这款 App 上记录自己每天花多少时间玩手机，查看了多少次手机，平均每多少分钟查看一次，还可以统计自己每天哪个时间段使用手机时间最长。你还可以通过添加好友的方式与家人、朋友互相监督，查看对方每天浪费在手机上的时间有多少，随时提醒彼此，各自为对方加油打气。

"不做手机控"这款 App 也能达到类似效果，它有三种模式：番茄模式、监督模式和睡眠模式。番茄模式下，你设置一个番茄时间，手机会自动进入屏保界面，无法人为退出，直到番茄时间结束；监督模式运行后，一旦你玩手机的时长超过设定限度，手机将强制进入屏保界面；睡眠模式下，手机一到预设的时间段便会进入屏保界面，这能帮助你养成早睡早起的好习惯。

你完全没必要怪罪手机偷走了你的时间，只要运用得当，你完全可以利用手机里的各种 App 去高效地学习、工作。

7/ 第一次就把事情做对，
代价最小收效最大

　　现代社会效率最重要。无论做哪项工作，但凡有过失败重来或者返工的经历，即便最后你圆满完成了工作计划，也称不上成功，因为这其中毫无效率可言。而第一次就将事情做对，却能用最小的代价换来最大的收获。

　　也许，你也曾有过这样的体验：

　　工作越忙越乱，解决了旧问题，又产生了新故障。于是不得不花费大量时间和精力去返工检讨。有的错误太过重大，来不及挽回损失，给自己的职场生涯蒙上了厚厚的一层阴影……

　　我们平时总将"我很忙"挂在嘴边，只是，每次在忙得团团转的时候，很少有人会认真考虑这种忙碌是不是必要的，能否产生预期的效果。只顾忙着赶进度，就很容易出错。其实，越是忙的时候，越要认真对待每个细节，力求第一次就将事情做对。

20 世纪 60 年代，质量管理专家菲利普·克劳士比提出一个口号：第一次就把事情做对。无数人响应他的号召，于是美国迎来了一个自上而下的"零缺陷运动时代"。克劳士比认为，所谓的零缺陷，就是不断打磨质量，争取一次性做到符合要求。而质量必须用可衡量的、明确的字眼儿来定义。为了证明自己的观点，克劳士比进一步分析了错误的形成原因。

在他看来，缺乏知识和漫不经心是造成错误的两个因素。前者是能力问题，可以通过不断的学习和积累来弥补；后者却是态度问题，态度不端正，哪怕方法正确，也只会频频碰壁，做什么都难以成功。想要避免这一后果，就得主动去修正态度。

仔细观察那些在各个岗位上表现突出的人，你会发现他们的共同点在于：认真完成手头的工作，哪怕情况再紧急，也要兢兢业业地对待每一个环节，力求保质保量，哪怕多耗费一些时间和精力，也绝不返工。追求效率无可厚非，但一味注重效率，拿尽快完成的标准来要求自己，只会让自己的工作错漏百出。当你回过头来解决这些问题的时候，白白浪费的时间和精力是呈几何倍数增长的，而任何一个微小错误都可能造成你无法承担的后果。

陈小芸在一家广告公司工作，她曾犯过这样一个错误：一个项目马上就要截止，她心急火燎地审核着广告样稿，生怕赶不上进度，此时项目组其他成员也不住地催促她加快速度，她只好匆匆过了一遍样稿便上交给了经理。谁料那天下班前，经理将她叫进办公室，劈头盖脸地将她骂了一顿，原来服务部的电话号码中间漏了一个数字，如此重大的失误她居然没检查出来。想到这个错误可能给公司造成一系列麻烦和损失，陈小芸只觉得羞愧难当。

那天晚上，她为了将广告样稿重新审核一遍，整整熬了一宿。这一次她不敢马虎，无比细致、耐心地去一点点排查错误。第二天上班前，她将重新审核好的样稿上交经理办公室，内心顿时充满了踏实感，脚步也变得铿锵有力起来……

职场中，最忌讳的便是盲目的忙乱和盲目地拼体力去交差。任何时刻，你都要保证手头的工作有条不紊，脑中的思绪深入而清晰，学会用巧劲解决问题，学会第一次就将事情做好。那么，具体应该怎么做呢？

首先，你一定要掌握一个原则——弄清标准再做事。你是否也有过这样的经历，接到上司布置的工作任务，稍做准备便埋头苦干起来，生怕耽误进度。任务进行到一半，上司查看你的工作成果，却发现你做得根本不符合标准。在上司的责令下，你不得不返工修改，甚至从头做起，之前的心血都白白浪费了。

职场精英们在接受一项新工作时，首先要做的是主动询问上司，这项工作的标准是什么，有什么特殊的要求，需要达成怎样的目标。所谓磨刀不误砍柴工，你不事先将这些要求、标准、目标等条条框框都问得清清楚楚，就免不了修修改改、不断返工的结局。

其次，你要认真完成每一个步骤。很多职场人士工作过程中经常出现疏漏，这是因为他们常抱侥幸心理，总觉得这里缺一点、那里多一点都是小问题，不会影响到结果。实际上，实施每一个步骤前，都该警告自己：要认真对待，全力以赴。唯有将每个步骤都做精、做到位，才能保证结果万无一失。

最后，你要记住越小的工作越要一次做到位。很多人工作的时候习惯做一半留一半，有时候是因为在某个环节中遇到困难，想放一放再做；有时候是因为遇到的问题太过简单、微不足道，懒得集中精力去处理。如果抱着一种散漫的态度，随手把某项工作暂时放在那里，很容易为结果埋下隐患。何况，你再回过头捡起来的时候，还是得重新寻找思路，相当于一份工作你做了两次，花费了两倍精力。

面对再小的工作，一旦开始了，最好一鼓作气做到底，不放过任何一个细节。唯有一丝不苟，完美执行，才能后顾无忧地进行下一份。当然，面对那种确实很难很棘手的任务，可以先跳过去，等解决完所有问题后，再集中精力去处理。

第一次就将事情做对，需要我们在详细安排、周到计划、认真思考、缜密实施的过程中注重培养良好的工作习惯，避免出现返工的情况。

PART

05

丢掉侥幸和幻想，
刻意练习

1/ 所谓的天赋异禀，
都是刻意练习

———————————

　　刻意练习的背后是无比执着的态度和坚定的信心，它与不断地重复有着显著的差别。将刻意练习运用于工作中，意味着你要计划性地去挑战自我，不断突破极限。

　　是什么造成了人与人之间的差别？一个天赋普通的人如何才能从激烈的职场竞争中脱颖而出？答案很简单：刻意练习。你有没有想过，那些在某个领域拥有特长、表现得极为优秀的人，拼的都不是天赋，而是日复一日地刻意练习。

　　心理学教授安德斯·艾利克森博士以不同领域的专业人才作为研究对象，进行了长期的观察和研究，随后，他提出了刻意练习的法则。在著作《刻意练习：如何从新手到大师》中，安德斯对刻意练习的定义是：学习者进行长期的、有目的的重复练习，并建立起稳健、积极的心理表征，同时对练习的反馈进行响应，以持续改进技能、强大白身。

刻意练习能赋予一个人从未有过的天赋，无效练习却可能毁了一个人的事业。两者之间的差别在于：前者带着明确的目的，后者却漫无目的；前者全程努力而专注，包含着积极的反馈；后者专注力不够集中，只是重复简单的动作；前者力图突破舒适区，不断给自己设置新的挑战，逐级向上跃升，后者却一直在原地踏步。

刻意练习除了要求我们带有目的地去练习外，还要求我们建立良好的"心理表征"。所谓心理表征属于心理学概念，当我们的大脑正在思考某件事情、某些信息、某个具体的观点或其他任何事情时，一些与之相对应的具体或抽象的心理结构也会同时形成。

最常见的例子是盲人摸象，盲人摸到鼻子，觉得大象是长长的绳子；摸到腿，便觉得大象是粗粗的柱子……他们思考的同时，大象却在他们脑海里建立起了错误的表征。唯有纵观全局，他们才能知道大象究竟是什么样子的，从而建立起正确的心理表征。

很多利用刻意练习晋身为行业翘楚的人，都拥有有效的心理表征。正因如此，他们才能在着眼于全局的同时牢牢地把握住细节，以此来解决具体的问题。

想要运用刻意练习法则来提升自己，就不能忽视这样一个原则：刻意练习提升的并非知识，而是技能。我们以往在解决问题之前，会习惯性地去寻找有关问题解决方法的信息，搜集信息后再去着手解决。这个过程中，聚焦的其实是知识，并不一定能带来理想的效率。

而刻意练习关注的是技能，这直接和结果挂钩。先设定一个满意的结果，再来倒推过程，归纳出具体的实施步骤、技能，并针对性地进行练习，这更能提高水平。

很多初学绘画的人看到画家爱德华·霍普的油画时不禁啧啧称赞："他是多么有天赋的一个画家啊，他对光影的把握简直无与伦比。"

可当看到爱德华的稿纸时，大多数人都沉默了。只见稿纸上密密麻麻地记载了爱德华对光线角度和色彩调配的计算，他一遍遍练习，不断反思自己与其他绘画大师的差距在哪里，不断纠正、弥补自己笔法中的不成熟之处，这才成为人们眼中的那个"天才"。

而拉斐尔也经历了一模一样的成名之路。1504 年，21 岁的拉斐尔第一次来到佛罗伦萨，他亲口承认，目前的他还没有能力画好人物的动态。于是，他反复研究着米开朗琪罗和达·芬奇的草图，一遍遍临摹着前辈的画作。在创作每一幅作品前，拉斐尔都曾画过无数的草图。他日复一日地练习着光影调配的技巧，下笔时也越来越娴熟、笃定。

在展开刻意练习前，先建立心理表征的"3F"原则：

首先，我们无论做什么都要格外专注。

将注意力聚焦在目标任务上，同时将技能逐一进行分解，不厌其烦地进行练习，这期间保持高度的专注力。当然，每个人专注力集中的时间是有限的，长期集中注意力于同一件事情，大脑会变得疲劳不堪。可采取"番茄工作法"来解决这个问题。

设置特定番茄钟的时间，比如半小时。这一时间段内，保持精神的高度集中，全身心地投入练习中。番茄钟响起后，再进行 5 分钟的休息，之后重新投入下一个番茄钟。

其次，我们要及时反馈。

很多人学习英语的时候，总是重复性地背单词、语法，慢慢就会失去动力。这是因为他们发现背再多单词也无法灵活运用，总是看不见成效、不知道自己错在哪里，就容易失去方向感。这带给我们的启示是：刻意练习的过程中，一定要建立及时有效的反馈。

比如，做项目练习。通过反复的项目练习，一来可以加深技能的掌握程度，二来我们可以根据练习效果检测自己目前已经达到了哪一级别，也能明确地看到并记录自己的不足之处。

或者寻找合适的导师。在你的职场生涯中，可能遇到很多位学习的榜样和导师，不妨向他们寻求练习的反馈。在他们的指导下，你能避免很多弯路，并及时纠正错误。

当然，合适的导师有一套科学的带人方法。他能根据你的职业发展情况布置练习项目，再通过你的反馈不断进行调整，并敦促你跳出舒适圈，学习能力范围外的技能。需要注意的是，相关反馈信息可运用纸和笔或者手机备忘录去详细记录。

另外，我们要及时纠正自己。

按照反馈信息，针对自己的不足之处进行弥补、修正。你可以向导师或者资深的同行请教，你所经历的错误他们大都经历过。你还可以从专业书籍里找出有用的信息，或者上网搜索，勤加练习，很多问题都能在网上找到答案。你可以去知乎、豆瓣上提问，或者利用百度等搜索引擎直接搜寻。

很多人过于迷信天赋，这导致大量的人庸庸碌碌地度过此生。其实，通过刻意练习来提高自己，我们完全能变成梦想中的自己。当然，如果不及时采取行动，一切都为零。

2/ 瓶颈期亦是平静期，
　　蓄力等待突破

———————

　　职场瓶颈期其实亦是平静期、蓄力期，迷茫和慌张都是暂时的，不要被它们左右前进的方向。

　　早上不想起床，一想起上班，心情总是沉重得像上坟；日复一日地处理着枯燥而又烦琐的工作任务，虽然熟练得跟本能一样，却不自觉地怀疑自己，甚至怀疑人生；工作上难题一环连着一环，迟迟看不到晋升希望，收入也基本在原地打转……
　　大多数在职场打拼过几年的人，都有一个共同的烦恼：职场生涯仿佛进入了一个疲劳期、麻木期，做什么都兴致泛泛。当他们对工作产生懈怠后，便开始抱怨自己当初选错了行业。其中，部分人可能选择多次跳槽来解决目前的困难，可是跳来跳去前途反而变得越发暗淡，于是他们陷入了更深的迷茫中。这其实都是职业发展遭遇瓶颈期的连锁反应。

知乎上，有个网友这样描述自己的工作状态：毕业四年多来，他一直从事金融行业的后台工作。行业竞争很残酷，他永远在"搞定客户、搞定风控、搞定领导、搞定财务"的路上，平日忙得团团转。他自问对工作尽心尽力，比如说，他半年内接了46个单，至少出差了46次，写过46份报告等，但是项目通过率却很低，而且他对接的前端团队，人才流失的情况亦十分严重。目前他处于一个很尴尬的位置，每日情绪都很抑郁，想辞职却又因为年纪大了不敢贸然行动，想突破自己，却又不知该从何做起。

越是抑郁，他越是无心工作，整日胡思乱想。有时候觉得是因为自己能力不够搞不定方案，有时候抱怨自己待在了不合适的地方，这才迟迟无法突破职业瓶颈期……

我们之所以会遭遇瓶颈期，一方面是因为现有岗位难以达到理想的高度，总觉得自己在日复一日地消磨时间，总也学不到新的东西；另一方面是因为我们在工作中遇到的难题迟迟难以得到解决，或总也得不到别人的肯定，心理上变得失落、疲倦、挫败感十足。

其实，一个人的事业发展与两方面的能力息息相关：显性能力和隐性能力。显性能力指的是你的学历或某项技能等可以看到的、有具体的标准去衡量的能力。而隐性能力却是看不到的，比如说你的毅力、决断力、创新精神、合作精神、自信心等。

大部分认为自己掉入瓶颈期的人，遇到的大多是显性能力方面的瓶颈。如果他们拥有足够的隐性能力，拥有丰富的人生底蕴，就能以更快的速度冲破瓶颈。

隐性能力差的人，职业态度也会出问题，他们注定会遭遇职场瓶颈，今后不管怎么折腾都很难走出那段艰难时期。如果你注意观察，会发现这一类人通常会显出如下表现：

只知道机械地模仿别人，守着底层岗位不愿意自我创新、自我突破；对市场变动常常显得无所适从，无法适应新的环境；没有团队精神，总是自己顾自己的工作而不愿意和同事合作，对上司、同事的意见嗤之以鼻；工作态度极其散漫，经常性地迟到早退，工作中错漏百出；不愿意向优秀的同行前辈学习，却容易嫉妒别人；工作中常常情绪低落，没有自信……当我们的职场态度不够严谨认真，表现得越来越差劲的时候，就会越早地遭遇瓶颈。

隐性能力强的人却始终保持着兢兢业业的工作态度，而他们骨子里的韧性也将在瓶颈期来临时发挥得淋漓尽致。在他们看来，瓶颈期是"平静期"，这反而是个暗中积蓄能力、与自我对话的好机会。利用这段时期，去对自己的能力有更清晰的认识和衡量，看清自己的极限与潜能，积极吸收来自各方面的知识和营养，才能更好地为下一步做准备。

职场生涯中人们一般会遭遇1-3次的瓶颈期。若迟迟无法突破，我们的事业只会停滞不前，可若能成功突破，我们便能迎来个人事业发展的爆发期。

想要突破职场瓶颈期，首先我们可以借助团队或上级的资源和力量。职场中，单打独斗变得越来越少，更多的是团队合作。这意味着平日里你要积累更多优质人脉，遇到困难的时候也懂得更好地向别人求助，如此才能实现个人的完美升级。

其次，我们可以从工作之外寻求成就感。想要提高自身的隐性能力，先从建立自信心开始。我们在一个职位上工作久了，挑战变得越来越少，成就感也会随之降低。如果短时间内无法从职业上取得突破，不妨将目光转向工作以外的地方，找到个人价值，逐步提高自信，再将这份自信带到职场上来。

比如，一位职场人士在事业发展受阻后，反而狂热地爱上了户外运动。他利用闲暇时光走遍了工作城市的山山水水，从中获得了极大的满足感和成就感。延续一段时间后，他变得越来越乐观积极、富有激情，对待工作的时候也干劲十足、不惧困难。

更重要的是，我们要找到一家成长中的公司，伴随其成长。很多职业本身前途就很暗淡，而在一家前景飘摇的公司工作，终有一天会迎面撞上无法突破的职业瓶颈期。在职业道路开始之初，你就应该将目光瞄准那些具备成长潜力的平台或职业，伴随公司一起成长。同时，你要不断地审视自我阶段性目标，重新定位自己。

其实在各个领域和行业，处于瓶颈期的人比比皆是，为了消除那种焦虑的心境，你需认清，迷茫、落后是人生常态，最重要的是直面压力，刻意去练习，不断提升自己。

3/ 踩稳自己的节奏，
匀速前进

很多人平时不是为了工作而工作，而是为了升职加薪去被迫工作。可是在没有足够能力的时候，一切急功近利的行为都会扰乱你的节奏。所有的升职、加薪都应该以能力提升为导向，否则就是动机不纯。不顾后果的加快节奏或许能在短期内让你尝到一些甜头，但时间终究会让你现出原形。

小孩子学走路，看起来好像很容易就会走了，其实前面已经跌跌跄跄、跌跌撞撞地酝酿了很久。成长也是这样，一定要稳住节奏，慢慢前行，而不能期望一蹴而就，急于求成。

比如，在职场上，你原本的节奏可能是：在基层岗位磨炼两三年，晋升主管；在主管岗位上开阔眼界、锻炼几项技能，尤其是管理能力，三到四年后竞争经理职位；成功晋升经理职位后，要么在公司长线发展，进入核心管理层，要么跳入品牌价值更高的企业或平台，谋求更大的发展……而如果你想跳过前面必须经历的积累过程，人为地加快节奏，即便能一毕业就跃升入管理层，也多半会栽跟头。

俞敏洪曾经讲到了自己的一个经历：有一个大学生，想自己创业，来找他咨询相关问题。俞敏洪问他为什么想创业，大学生说自己要向比尔·盖茨学习。俞敏洪对这位大学生说，世界上就只有一个比尔·盖茨，但这名大学生回答道他可以成为第二个比尔·盖茨。俞敏洪询问他不想继续上大学的原因，这名学生回答说，自己考试没有及格，大学是上不下去了。

对此，俞敏洪做了这样的分析：这位大学生的情况是不可能和比尔·盖茨比的。因为比尔·盖茨出来创业前，已经与当时的数学老师一起写了一篇数学算法的论文，投向主流的数学期刊，并被刊录。出来创业前，比尔·盖茨和保罗·艾伦已经开始为 Altair 8800 开发 BASIC 编程语言，然后二人搭乘飞机到 MITS 的公司去展示成果，结果两个人都被录用了。此时，盖茨便辍学了。

而且比尔·盖茨最大的成功法则就是他始终没有停止学习，根据比尔·盖茨自己的说法，他坚持每周读一本书长达 52 年。

也就是说，比尔·盖茨并不是为了逃避学习而选择创业。在一次公开采访中，他表示，自己之所以选择退学创业，是担心这场电脑革命发生时已经没了他的位置。相反，这名大学生根本不了解社会，去选择创业无疑是以卵击石。

要知道，机会的背后可能隐藏着很多行业真相。比如，为什么猎头会给能力、资历都将匮乏的你发出邀请？这与目前充斥在人才市场的一条潜规则息息相关。

比如，一家发展势头良好的企业，极有可能遭受竞争对手恶意地挖墙脚。后者无法挖走一整支团队，便将目光盯上了团队里的普通员工。而被高薪挖走的普通员工，所面临的是前所未有的压榨和索取，当他们的价值被最大限度的利用完后，就会被弃如敝屣。

此时，这位普通员工并未看清这背后的一系列的资本运作，却误以为自己的能力已经足以匹配更高的薪水、更光鲜的职位。其实，如果他们牢牢抓住了这个机会，在眼光、心气都上了几个台阶的同时，认识到自己的不足，并及时弥补差距，也能实现越级发展。

但是，大部分人都缺乏及时提升能力的意识。当他们为了这个"表面灵药、实则砒霜"的机会打乱自己的成长节奏后，就会变得越来越认不清自己，越来越无法平衡心态。

无数过来人给予职场后辈们的经验中都有这样一条：把握一切机会。前提是，这个机会能最大限度地激发你的能力，让你得到长足的发展。

在真正属于你的机会来临前，你应该屏蔽干扰、抵住诱惑，按照自己的节奏稳步前进。尤其是在职场起步阶段，最好以"踏实稳定、按部就班"来要求自己。

而在入职前几年，哪怕看到别人都得到了晋升，取得了职业突破，你在学习别人成功经验的同时，也要保持住自己的节奏。这并不意味着无所作为，只因当前的落后，其实是在为之后的腾飞做准备。当你拥有了逆袭的技术条件和心理基础后，便能迎来自己的高光时刻。

职场"先升值，再升职"才是正理，在按部就班地做好自己分内工作的同时，按照以下方法去修炼个人的能力：

首先，你要积极向职场前辈学习。

抓住一切和职场前辈相处的机会，如果是在工作时段，注意观察前辈的思维方式、做事技巧，如果是闲暇时间，多和前辈聊公司的业务、规划、项目前景、职业发展等。

你要紧紧围绕着本职工作来挑起话题，而不要漫无边际地跑题。有的职场新人因为害羞，每当前辈邀请他加入团队活动的时候总会拒绝，一旦拒绝的次数多了，前辈慢慢就会疏远你、无视你。任何时候都要积极一点，除了你自己，没有谁有义务帮助你融入团队。

其次，你要分外珍惜和领导一起干活、共事的机会。

如果你有幸和领导一起完成某个工作任务，即使只需负责整理材料、核实数据等最基础的工作，也不要懈怠。做好你的本职工作，并随时做好准备，在同事、领导需要帮助的时候挺身而出。除此以外，如果时间、精力都有富余，你还可以主动申请去承担一些能力范围内的工作，这除了能给领导留下好印象外，还能接触到项目全貌，刷新自己的职业技能。

再次，你要尽可能地向行业翘楚学习。

为了感受行业变化，了解行业前沿趋势，我们的目光要紧紧盯着行业精英。如今线上分享十分流行，你可以根据自己的专业领域去寻找对应的公众号、App等。一些公众号有时候会举办微信群的分享活动，他们会请来行业精英来跟网友分享自己的职场经历，分析自己为什么会犯错，以及规划职业道路的技巧等。

知乎上也有很多专业人士时不时地会推出一些线上分享活动，包括一些微博大V也会不定期地开直播。"在行"这个App上聚集着各行各业的专家，可以线上同他们邀约，线下见面详谈。"虎嗅"旗下的职场在线学习应用"怒马"偶尔也会推出各行业大咖的线上分享沙龙。

当然，线下也有很多渠道。同城同一行业的人常常会举办线下沙龙活动，我们可以利用业余时间去参加。

职场晋升，靠的是硬实力。你要规划好自己的节奏，踏踏实实地做好该做的事情。拒绝一切扰乱人心的诱惑，抓住那些真正有价值的机会，让自己的能力得以提升和锻炼。

4/ 世界越浮躁，
   你越要沉下心去

　　与其像无头苍蝇一样盲目乱撞，不如放下浮躁的心态，从接纳现状做起，一步步地走稳自己的职场之路。

　　一份工作刚持续了半个月时间，没有达到期望中的水准，便认定自己不适合、没有潜力；看到别人进步比自己快，立马如芒在背，如鲠在喉，失望不已；读过公众号上那些煽动性的文章，立马萌生了辞职的念头，想要去更广阔的天地闯荡……

　　职场上，太多人将自己的折腾、不安分美化为勇于拥抱变化，实际上，他们的表现只能用两个字来概括：浮躁。而浮躁的结果，大多是一事无成。

　　职场发展有高峰有低谷，有平顺期也有浮躁期。特别是刚入职3至6个月的职场新人，动不动就跳槽，这一阶段的他们，正处于盲目浮躁的状态，看不清自己的方向和目标。

刘琴去一家单位应聘，由于她所学专业与应聘的职位并不相符，HR 担心她做不长久，因此反复询问她是否真的决定进入这一行业。刘琴信誓旦旦地表示，自己有志于在这一行业中深耕，希望公司能给她机会。最后，她以实习生的身份入了职。

谁料不到一个月，她便递交了一份辞职报告。HR 问她是不是在工作中遇到了困难，刘琴犹豫着说，这份工作确实很不适合她。HR 皱眉道："你才来公司不到一个月，怎么就能断定这份工作不适合你呢？"刘琴为难地说："我那些大学同学有的去了大公司发展，有的做着和本专业相关的工作，大家工资都很高，我觉得我再在这里待下去纯属浪费时间……"

浮躁的原因有很多，比如理想与现实的脱离。很多新人刚入职时对自己的工作及职业规划多多少少抱着一些美好的幻想，他们希望自己所在的公司知名度高、规模大、成长空间广阔。事实上，能够进入知名企业工作，变身为高级白领的人少之又少，大多数人刚起步时，只能寻找较小的平台，从最底层的、最烦琐枯燥的工作做起。一旦理想和现实差距过大，一些人在心理极度不平衡的状态下频频跳槽。

浮躁，还因为急于求成。刚参加工作时，想必你也有一番雄心壮志，希望能早日脱颖而出，平步青云、节节高升。然而，一旦自己短期内的努力没有被领导重视、没有获得预期中的回报，你立马觉得公司不注重人才，越想越觉得自己就是那匹缺少伯乐的千里马，在这里工作会埋没自己的才华，于是你的脑海中又萌生了跳槽的想法。

殊不知，身边的同事和老员工在技能、经验和知识储备等方面都比你杰出得多。就算你是个潜力股，也需要拥有足够的时间来挖掘潜力。也许领导在对你进行了必要的考察后，会给你分配更重要的工作。如果你总是心浮气躁，只会白白丧失机会。

浮躁，更出自一种"围城"心态。很多职场新人总是一山望着一山高，努力争取到了中意的工作后，慢慢地，又觉得这份工作没有预期中的好，脑中不由冒出了辞职的想法。他们习惯于扩散思维向外思考，却从未尝试着向内聚焦、思考自我。所以每次问题出现的时候，他们下意识认为这是公司的错、上司的错、同事的错，却从未想过问题也许出在自己身上。

当然，浮躁并非职场新人特有的现象。很多上班多年的人也不乏心浮气躁的时候，尤其是那些在技术含量较低的岗位上一待多年的职场人士，总是心绪繁杂，表现得心事重重。

心理学家分析说，无论是对现状的不满，还是对未来的高估，都是一种抵抗、不接受真实自我及真实环境的表现。想要化解浮躁心态，先变不接受为接受，变逃避抵触为积极应对，再从自身出发，采取应对措施。

那么，具体应该怎么做呢？

首先，你要了解公司的发展战略。如果你是一位职场新人，对现状很不满，犹豫着想要辞职，记住，先不要盲目行动。聪明的职场人不会太局限于所在公司的现状，他们会尝试着站在全局角度去了解公司的发展规划及相关目标，积极和上司沟通，并通过各种渠道去了解行业信息。你也可以这样做，也许这会让你对公司的未来充满信心，也更容易让你找到职业定位和努力的新方向。

其次，为了挣脱纷扰的思绪，你要立即去做应该做的事情。《当下的力量》这本书里描述了一个情景：明明有事急需处理，你却待在树林里偷懒。这时，你一面纠结无比，一面又抑制不住地偷懒，心情变得极其焦躁不安。

想要脱离这种浮躁心态，就要立即去做你应该做的事情。与其纠结着明天要不要辞职，先静下心来，完成手上正在拖延的工作；与其长吁短叹地抱怨着不如意的现状，先将自己这一天的工作任务安排好，完成一项任务便从任务清单上划去一项……越是胡思乱想、无所事事，就会变得越来越浮躁。始终专注于当下这一刻，你的心境才会平和下来。

最后，心烦意乱到一定程度，什么都做不了的时候，干脆暂时关闭与外界的联系，通过冥想、静坐来修复自我心境。寻找一个僻静的地方，安然静坐十分钟，清空脑中思绪，将注意力集中在自己的呼吸上。慢慢地，你会进入深度的宁静状态，整个人都变得极其灵敏、理性。

王阳明说"心定则万事可成"，这句话在职场上尤其适用。无论外界有多浮华喧嚣，你也要静下心来，看清自己的路，走稳自己的路。

5/ 当兴趣变成工作，
如何长久坚持下去

有人曾说，不要轻易将兴趣变成职业。哪怕找到一份感兴趣的工作，如果你没有掌握将兴趣变成工作的技巧，很容易半途而废。

为什么兴趣一旦变成职业，便很难保有以往的热情和耐心？对此，心理学家德西做过一项实验，研究对象是一群大学生，德西让大学生们待在实验室里解答有趣的智力难题。

实验分为三个阶段。第一阶段，所有大学生都不被给予物质奖励；第二阶段，大学生被分为两组，实验组和控制组，前者完成一个难题可得到 1 美元的报酬，后者无报酬；第三阶段，被设置为休息时间，大学生可在原地自由活动，并把他们是否继续解题作为喜爱这项活动的程度指标。

被奖励报酬的实验组在第一阶段的时候表现得很努力，而在第三阶段，愿意继续解题的人却寥寥无几。而没有奖励报酬的控制组中的很多人，在第三阶段时反而选择去继续解题，这说明他们的兴趣与努力程度在增加。

德西因此得出结论：某些情况下，人们在外在报酬和内在报酬兼得的时候，工作动机不但无法增强，反而会降低。也就是说，人的内在动机有时候会随着外在动机增多而减弱。当兴趣变成职业时，挣更多的钱、为家人提供更好的物质生活等外部动机就像一块块沉重的石块，压在你心头，原先的兴趣、激情、活力都在这一过程中消失殆尽。

当兴趣变成职业，很多人由于达不到专业要求，心境变得焦虑不已。爱好毕竟是业余活动，只要你表现得稍微突出一点，都会得到他人夸赞，自己也能从中得到极大的满足感。一旦某项爱好变成职业，外界对你的要求便随之提高。比如，你喜欢唱歌，在唱吧里唱破音也无所谓，而一旦你成为职业歌手，但能力却不足以胜任这份工作时便容易焦虑。

为了减轻焦虑，你不得不想方设法地提升自我能力，努力加强专业技能。但任何领域都一样，距离一流水准越近，需要付出的努力就越多，提升的效果却往往不如预期。这其实是边际效应递减的趋势，这个过程中你的挫败感和孤独无助感不言而喻。

当你通过孜孜不倦的努力，走过这段提升之路后，也许你的状态会慢慢回升，你也因此获得了一定的收入。但在起步阶段，你的收入只会远远低于心理预期。当你盘算着把爱好变成职业后自己所付出的种种成本，包括错过的机会，只会越想越觉得憋屈、前途无望。

更重要的一点是，每一行业的从业者都需要具备特定的职业素养。这份素养可能与你的性格相违背，甚至令你失去自我，不得不做出很多违心选择。当你失去对兴趣的自主权时，那种被束缚、被控制、身不由己的感觉只会越来越深，这时候便很难坚持下去。

潇晴从小就很喜欢画画，还一度梦想成为职业画家。长大后，她重拾了这个爱好，工作之余经常去美术馆看画展，还报名参加了一些美术课程。坚持了大半年后，潇晴自认为自己的美术素养和画画技巧都有不小的提升和进步，便向经理申请调到产品部。

正好产品部有几位员工离职，经过一番考量，经理同意了潇晴的申请。潇晴开心不已，认为自己的兴趣终于有了用武之地。可还没过一个月，她便后悔起来，心里充满了挫败感。如今，她每天都要画无数张产品原型图，硬着头皮一点点修改细节。可无论怎么努力，同事对她的工作始终处于一种不认可的态度。来自外界的各种要求，将她内心的热情消磨得所剩无几，她心里不由打起了退堂鼓……

兴趣爱好一般分为两种：消费型爱好和生产型爱好。消费型爱好包括美食、看电影、购物等享乐活动。生产型爱好则以产生价值为基础，如将品尝美食发展成写美食评论等。如果我们一定要将爱好变成事业，就一定要考虑到"如何生产"的问题。

首先，你要寻找兴趣与天赋的最佳结合点。把兴趣与天赋结合在一起，相对而言，你能较为轻松地培养出属于自己的职业"撒手锏"。朝着自己不擅长的方向去努力，你付出再多，得到的回报却远远不及预期，这就导致你很难坚持下去。不妨寻找兴趣与天赋的最佳结合点，比如你写作上很有天赋，对新媒体也很感兴趣，那么你完全可以朝着新媒体编辑、策划、文案这一方面的工作去发展。

其次，你要让自己的兴趣为别人提供价值。当兴趣发展为谋生手段后，你的关注点不再是自己，而是他人的需求、他人的感受。你必须更多地去思考这些问题：我能为别人做些什么、提供什么价值？

当兴趣变成工作，你所要做的不再是消费、消耗，而是创造、改进、传播、分享。比如，你从小到大都很喜欢玩游戏，而当你进入职业电竞这一行业的时候，你便不能只顾着自己玩得痛快。你可以通过写游戏攻略、教授别人玩游戏的技巧等去为别人提供价值。

最后，你要搭建自己的动力系统。我们可以一直持续地玩游戏、逛淘宝，为什么学习工作不行？这背后的关键在于回馈系统。打游戏等娱乐活动，都是有即时回馈的事情，"杀怪通关""升级补血"等回馈机制让你迅速上瘾，一旦将精力转移到学习和工作上，那种缓慢的进步只会挫败你的积极性。当兴趣变成工作时，原有的回馈系统被堵住了，于是你变得越发疲累，提不起精神。

在迟迟看不到成效的时候，你必须搭建自己的动力系统。比如，当外界对你的要求过高时，你可以尝试着降低对自己的要求；完成一个个小目标、小计划之后一定要为自己庆祝一番，吃一顿美食或买个小礼物犒劳一下自己。不断重复这个过程，直到你的兴趣能渐渐兑换出你想要的价值，这时候，你的动力系统就已经就建立起来了。

自媒体人雅君曾说："把兴趣变成工作的一大关键，就是你要不害怕让别人知道你是谁，真实的你喜欢什么。"首先找到真实的自己，再把你自己展现给大家。为你的爱好投入足够多的精力，使得它能持续不断地为别人提供价值，你便能长久地保持热情。

6/ 没有那么多速成，
卓越从来都来之不易

────────────────

过分追求速成，你将永远都在原地踏步。想要达到成长的最快速度，最明智的做法就是匀速向前，保证每天都在进步。

"5分钟看懂一部电影""1小时成为写作高手""10小时掌握PS技能""让你一天内成为微博大V""100天，让你从学渣变身学霸""六个月创业成功"……有人说，这是一个追求短平快的时代，到处都在鼓励速成。打开搜索引擎，输入"速成"二字，五花八门的答案看得你眼花缭乱：减肥速成、阅读速成、写作速成等，甚至包括职业速成。

我们都知道十月怀胎才能一朝分娩，如果违背事物的发展规律，一味追求速成，只会导致先天不足的严重后果。现代社会竞争激烈，讲求效率无可厚非，尤其是在职场上，效率更是重中之重。但因此盲目去拔苗助长、投机取巧，极有可能斩断你的职业之路。

拿某项技能来说，各种培训班上教授的、微信群里分享的所谓"速成法"顶多只能令你入门，想要获得更大的进步，需要你不断重复地去练习，日复一日地去努力。

也许你觉得不服气，认为一些人经过相关培训后确实迅速获取了成功。可你只看到了他的成功，却没看到他背后的积累。首先，与你不同的是，他们根本不是真正的"小白"。他们可能每天坚持不懈地看书、写日记，坚持十年后在一个写作培训班上突然顿悟，写出一篇转发量超过 10 万的爆款文章，或者创办了一个流量很高的公众号。所谓的速成班、培训课程只是一个引子，点爆了他们的成功，在那背后，是十年如一日的耕耘与积累。

很多讲述速成技巧的文章、视频、课程的出现，将我们推入一个个超速跑道。可是，就算你掏空钱包去购买速成阅读课程，也不可能在一天之内读成林徽因；就算你看过某篇减肥文章，一丝不苟地照着做，也不可能在较短时间内练出腹肌和马甲线。

你短期内看过的、听过的、学过的所有知识和技能，只停留在短期记忆或照本宣科的程度上，根本没有深入你的思想、你的日常行动中去，没过多久，这点速成得来的"营养"便会被你忘得干干净净。比如，你想增强自己快速阅读的能力，却从来没有思考过这样一个问题：阅读速度的瓶颈从来不是输入方式，而是理解能力。

哪怕你拼命改变眼球的运动方式，也做不到一目十行。想要找到所谓的捷径，只有不断地积累自己的阅读体验，扩大自己的知识面，让自己理解得更快，更深入。

以精进某项技能为目的的速成虽然不可取，但终究会让你学会一些入门知识。但以成功为目的的速成却非常可怕，它会让你沉迷在那种焦躁不安的负面情绪里无法自拔。就像是赌徒，总是沉浸在快速成功的幻想之中，最终迎来了无法挽回的命运。

唯有"专注＋刻意练习＋持续进步"才能成功。比如，我们可以采取"日行 20 英里（1 英里约为 1.6 千米）"这一原则来帮助自己匀速进步。

1911 年，挪威的阿蒙森和俄罗斯的斯科特分两路，向着南极点进发，最后胜出的是阿蒙森。柯林斯在其著作《跃迁》中提到这个故事，并总结说，阿蒙森成功的原因在于他将探险队每日行程控制在 15-20 英里的路程，整个探险过程中一直保持着持续前进的原则。

所谓耐心和毅力，如果化为具体的动作，可以是"日行 20 英里"。所谓量变引起质变，成功大都离不开时间的积累和努力的行动。正如网红作家"一只特立独行的猫"，她每天即使加班到半夜也要坚持日更 1500 字的博客，数十年来无一日中断。

其次，我们可以利用"4S"法提升耐心。想要学会任何一个技能，达成任何一个目标都少不了练习。不妨运用"4S"法去练习。

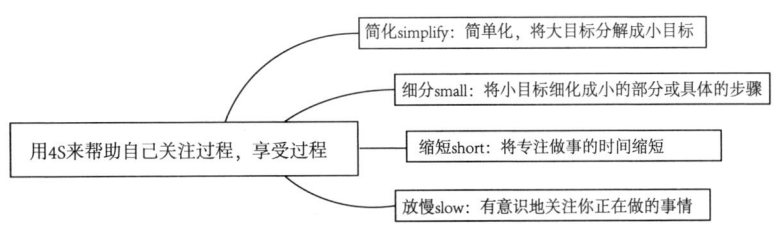

简化：尽量简化练习的过程，才更容易坚持。

细分：将目标细分成一个个具体的步骤。

缩短：心理学家艾力克森曾对柏林的小提琴学生进行研究，他发现那些表现优异的学生单次练琴的时长较短，一般控制在半小时以内，目的是为了防止自己失去耐心。这给予我们启示是，想要提高对一件工作的耐心和掌控力，就去尽量缩短工作时长。

放慢：当你缓慢地咀嚼苹果时，你会发现口中的果肉似乎比以往香甜。放慢练习的过程，关注当下的心态，你才能体会到学习的乐趣，还能减少意志力的损耗。

学习是汲取、积累、消化的过程。所谓欲速则不达，你所看到一切速成，其实都是大器晚成。快餐时代，不要被各种速成蒙蔽了心智，踏踏实实地走好自己的每一步，才是成功的关键。

PART

06

优势升级，
深度学习完成自我迭代

1/ 浅层次阅读
正在让你停止思考

　　浅层次阅读，会让我们加入泛泛之辈中，逐渐失去独立思考的能力。而深度阅读却能完善我们的知识体系，增强我们的逻辑思考能力。

　　宁菲菲关注了几十个知识型公众号，收藏了无数篇"干货满满"的文章。她一有空就跑去读书会，平时她也抓紧一切时间去阅读。最让她自豪的是，她阅读速度极快，别人花三天才能读完的文章，她花半天就能读完。读完之后要么会心一笑、抛之脑后，要么点击收藏、随手转发。

　　她的豆瓣读书栏里，显示她半年内读了五十多本书，朋友圈里都是转发的高话题性文章，微博上参加的都是读书话题小组的活动。尽管如此，宁菲菲却总被人批评"没文化""思想肤浅""只会照搬别人的观点，没有自主创意"……

浅层次阅读，指的是一种浮于表面的，以简单轻松其至是娱乐、消磨时间为目的的阅读形式。与之相对的是深度阅读，其最直接的目的是完善个人知识体系、提升修养及逻辑思维能力，增进个人工作技能等。深度阅读是一种情感活动，是对文本所蕴含的思想、智慧、艺术品位深度吸取的过程。它能充分地激发我们的想象力和创造力。

浅阅读与深度阅读的对象是不同的。数字化时代，浅层次阅读的对象可能是八卦、段子、娱乐新闻，或者是热门文章。很多公众号文章读起来很有意思，也很吸引人，读完后满满的成就感，仿佛学到了很多东西，事实却并非如此。有的文章中夹杂着一些似是而非的名词，读起来很高级，细究之下却给人一种空洞之感。只因大多数作者都只是知道了一个概念，便随随便便地搬过来用，并不知道其中真正的含义。有的文章通篇由两三个故事堆砌而成，论据十分精彩，论证却几乎没有；有的文章只顾着用耸人听闻的标题去吸引流量、营造话题，内容却肤浅无比。

如果大多数人都习惯了将时间浪费在浅层次阅读上，一味追逐流量、传播度，谁还愿意去书写那些逻辑深刻、需要花心思阅读的文章？几经反转的故事、听起来很高级的知识点、非黑即白的逻辑、辛辣刺激的文笔带给我们的并不是知识，而只是谈资。这种浅层次阅读可能带给我们舒服、过瘾的感觉，但长期采取这样的阅读方式，只会拉低自己的智商。

深度阅读的对象通常指那些优质的、能引发大脑思考、激发强烈情感共鸣的文章或书籍。它所包含的内容是几千年来人类文明的精华，涉及历史、地理、人文等各个领域的题材。阅读这些深奥的内容，一开始会给人一种吃力的感觉，但只要坚持下去，却能使乱糟糟的心情平静下来，使大脑进入一种思维高度集中的活跃状态。

浅阅读与深度阅读的方式不同。提起浅层次阅读，让人想起时下流行的"碎片化阅读""干货式阅读"。所谓"碎片化阅读"，指的是争取生活中一切可能的时间来阅读，上班路上、睡觉前等，"碎片化阅读"看似节约了时间，只是，如果你没有掌握正确的阅读方法，其所能产生的实际效用将远远低于你的期望。

干货式阅读指的是着重阅读别人整理出来的要点、精华。可事实上，就算你阅读的是货真价实的纯干货，你也不可能通过一篇文章去了解整个行业，一步登天，从新人迈向专家。

深度阅读，通常意味着我们要划出大片时间去阅读，期间阻断一切干扰，将一本书或文章从头到尾，细细咀嚼、反复思考，从中提高自己提炼干货的能力。

想要实现深度阅读，首先我们要设定读书计划。很多人阅读时漫无目的，手机翻到什么便浏览什么，导致他们的知识体系琐碎，思考问题时逻辑不清晰，表述不准确。

其实，阅读最好有计划、有目的。什么时间读什么书；准备花多长时间读完这本书，在哪个时间段阅读；每天需要读多少页；哪一类型的书应该逐字逐句地细读，哪些文章只需利用碎片化时间阅读……这都需要我们用心规划。设定读书计划，理清阅读的逻辑，有利于我们改正拖延的坏毛病，帮助我们养成定时读书的习惯。

其次，面对那些复杂的材料，或者需要深度阅读与思考的大部头书籍，可采取"SQ3R 读书法"。

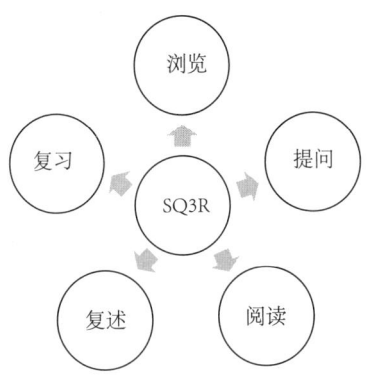

浏览：翻开这本书的提要、目录，先粗略阅读一遍，了解内容。

提问：阅读书中各章节的标题，尝试从各种角度提出问题。这能激发出你的好奇心，令你产生极大的阅读兴趣。

阅读：翻开第一页，从头到尾细读，对重要、难懂的部分反复阅读、分析。一边结合过往的知识储备进行思考，一边圈圈画画做记录，或者写眉批、心得、读书笔记。

复述：回忆书中讲述的内容，核对自己之前提出的问题是否都得到了正确的解答。这能帮助你检查自己的学习效果，以及巩固记忆。

复习：复述完成一两天后，再系统地复习一遍。这可以巩固已有的知识，又能温故而知新，从中获得新的体会。

另外，进行学术研究或者阅读一些论文类的资料时，我们还可以采用"比照阅读法"，即同时阅读几本题材相同的书籍。一般不同的作者会采取不同的切入角度及表达方式，这是我们关注的重点。

最后，在阅读历史书和专业书籍的时候，我们不妨遵循由浅入深的原则，采用"由浅入深读书法"来阅读。即先去寻找、阅读一些入门类的资料，奠定基础后再逐步阅读那些观点晦涩的专业书籍。中途还可寻找与书籍主题相关的影像资料或轻松易懂的畅销书籍来放松心情，加深印象。

我们要停止浅层次的阅读，多一些思考和质疑。唯有保持深度阅读、终身学习，才能实现个人学识及精神世界、人生境界的跨越性进步。

2/ 不会梳理碎片化知识，
　　等于无效学习

想要形成自我知识体系，学习过程一定要走心。比如，你要学会梳理碎片化知识，带着问题出发、有意识地进行规划，努力吸收的同时不断联想、反思。

提起"碎片化"，我们的第一印象可能是"信息杂乱""知识点细碎""时间短暂""不成体系""无法吸收"……其实，问题不在于"碎片化学习"，而在于你并不知道你的大脑需要什么样的学习。

杨琪每天乘坐地铁上下班时，会习惯性地捧着手机，反复阅读之前收藏的公众号文章和专业人士分享的一些干货文章。哪怕读的只是一些推送消息，她也会全神贯注，生怕漏过任何一个知识点。每天吃饭或者每晚临睡前，她都会抱着手机仔细钻研，努力至极。

她每天通过手机去获取大量信息，却越刷越焦虑、空虚。和别人聊天时，似乎什么都知道，可又什么都无法深入地谈下去……

　　首先，碎片化学习指的是时间上的碎片化。坐地铁的时候看书、刷知乎，看似勤奋，可在那么短的时间里你根本来不及消化、巩固新的知识点。通常是一目十行地看、一篇接一篇地刷，脑海里却什么也没记住。

　　其次，它指的是内容上的碎片化。我们热衷于从一些付费课程、公众号文章中汲取知识点，整天将那些高大上的定理、名词挂在嘴边，仿佛这样才显得自己有知识、有文化、有能力。殊不知知识的广度与深度是成反比的，你学习到的知识越多、越杂、越广，越要懂得梳理和深度加工。唯有形成完整的知识体系，才能对实践起到帮助作用。

　　其实，某些类型的知识是适合碎片化学习的。比如学习厨艺、养育宠物、自驾游技巧等，这一类型的知识就像拼图，知识点间其实是相互关联又相对独立的，你可以从任何角度入手，不断延展、补充相关知识，从小的模块拼起，一步步完成整个拼图。

　　有的知识就像建房子，如学习编程、企业管理等。你首先得将整个房子拆成一块块砖头，再重新拼合在一起。在奋进的过程中，你可以通过碎片化学习的方式逐步攻破每一个知识点。打好地基，层层向上，否则房子就算建好了也会有崩塌的危险。

　　但无论是拼图还是建房子，你都得学会梳理知识点、整合所有学习过的内容，以形成更强大的知识体系和神经回路。如果东一榔头西一棒槌，盲目地学习那些毫无关联的碎片化知识，最终的结局只有遗忘而已。

与碎片化学习相对的是深度学习。从神经角度看，深度学习的本质在于神经元的重塑。大脑神经元之间相互影响、相互连接，能起到强化神经元并构建新的神经通道的作用。而对于新知识的理解、记忆、梳理、练习、复习的过程，便是连接不同神经元回路的过程，更是巩固那些脆弱的神经元回路的过程。秉持这样的学习方式，才能取得预期中的效果。

我们可通过建立思维框架的方式，刻意聚合知识点，以此达到深度学习的目的。你要以自我发问的形式明确学习领域。明确领域后，再采取以下方法来梳理碎片化知识。

首先，你可以去刻意记笔记，"零存整取"。聚合知识点的过程中，少不了记笔记。随时记下疑点、摘抄精华，及一些缥缈的思绪。将那些碎片化的知识点和观点进行梳理、整合，结合自我思考，逐渐形成其中的逻辑，这便是"零存整取"。

其次，你可以借助思维导图。创建思维导图的过程就是将知识系统化的过程。你必须对知识进行设计，对概念、观点和事例的联系进行设计，然后清晰流畅地展现出来。

再次，遇到问题的时候你要做到先解决一个问题再进行下一步，不随意切换问题。比如，你被知乎上的一个问题所吸引，问题之下可能有二百多个回答，其中不乏一些高质量答案。想要吃透这个问题及背后的高质量回答，就要保持话题的垂直度，集中注意力去钻研它们，而不要随意切换话题。

最后，你要及时复习，以此来对付遗忘。很多人说碎片化学习没用，因为根本记不住。比如，今天看了一篇高质量长文，直呼过瘾，还没过几个小时，你已经记不起文章的内容了。根据遗忘曲线规律可知，遗忘的特点是先快后慢。我们在阅读的过程中，就要下意识地去整理知识点，做好笔记，事后定期复习。哪怕多花一点时间，效果却远远大于走马观花地去看 20 本书。

彼得·德鲁克说："知识工作者的工作，必须卓有成效，知识劳动成果属于无形产品，如果没有成效，即使过程再努力艰辛，也是无用功。"不懂得梳理和思考，碎片化的知识会始终处于破碎的状态，最后形成一片"知识孤岛"。这时候，你再努力也得不到质的提升。

3/ 如何构建合理的知识结构

构建知识结构，得兼顾广度与深度。广度指的是你的知识结构中涉及多少领域；深度指的是你对具体每一个领域的了解与研究是否深入。

当今社会，拥有知识，相当于拥有了解决问题的能力。建立完整的知识结构，让自己解决问题的思维涵盖生活及工作中的大多方面，对我们的生存与发展影响重大。否则，就只是学习、记忆零碎的知识点，却不知道如何将这些知识完美融汇在一起，形成一个完整的结构，从而为自己指明前行的方向。

何为合理的知识结构？它指的是一个人所拥有的知识体系的合理构成，相当于一种"整体信息系统"。合理的知识结构至少包含三个层面上的概念：科学知识，包括各种物理法则和生活常识；我们赖以生存的专业知识；生活或工作中的其他方面的知识。

科学知识：一些科学知识、定理、常识构成了我们的基本认知。

这一类型的知识能帮助我们更安全地生活在这个世界上。

专业知识：能锻炼我们的观察力、判断力和逻辑思维能力，能帮助我们取得更好的职业发展，树立自己的专业价值。从上面的案例中可看出，对自己所从事的领域缺乏系统性的梳理与了解，只会让你变得盲目自大、对自我能力认知不清。

生活或工作中的其他方面的知识：这些知识可能暂时无法被我们运用到实践过程中去，但只要用心去积累，这些知识就会变成一笔宝贵的思想财富，令我们的生活效率大大提高。比如，对于作家来说，相关知识积累得越多，他越能写出情节丰富、思想深刻的作品。

想要建立起合理的知识结构，就要遵循一定的原则去打好基础，再逐步扩充支架内容。

"专一、广博相结合"的原则。

为了增大知识面，我们读书时要广泛涉猎，不要局限于同一种题材。这种四处撒网式的读书方法可能带给我们广博的知识，却无法让这些知识凝聚成体系。这时候需要我们转变策略，深入而专一地去读书。

专与博是相互依存、相辅相成的关系。我们可以一边广泛阅读，及时了解信息；一边深入钻研一门或两门专业知识，在专博结合的基础上将自己锻造成复合型人才。

"从个人情况出发"的原则。

每个人都拥有自己的思考方法、阅读方式、爱好体系，这导致了每个人都拥有属于自己的知识体系。将不同的知识结构应用在不同的方向，能塑造不同的能力。比如，CEO 拥有的知识结构，能帮助他们制定高水平的企业发展战略规划；作家所拥有的知识结构，可帮助他们随心所欲地运用文字去刻画世俗人情。

想要建立合理的知识结构，就必须以个人情况为出发点，围绕着你个人的兴趣、目标及发展需要来制定计划。毕竟知识是无穷无尽的，如果你不确立好属于自己的方向，然后按照这个方向来积累相关知识，很容易迷失路径，最后被淹没在知识的海洋里。

"动态发展"的原则。

我们要随着时代的变化不断更新自身的知识体系，淘汰旧的知识、补充新的知识，这需要我们始终保持阅读的习惯，并根据自我职业发展目标的变化来调整知识学习的方向。比如，你以前做的是文字编辑的工作，只需要同文字打交道，一旦你被提升为部门负责人，就要补充与客户沟通、交流等方面的知识。这便是知识结构的动态调整。

那么，我们具体怎样做才能构建合理的知识结构呢？首先，可以使用系统法，并掌握"What、How、Why"提问三部曲。

积累知识的过程中，我们可以先确定一个主题来搜集相关资料，再按照一个完整的逻辑体系将这些零散的材料组织起来，为了抓住这条逻辑，可利用"What、How、Why"提问三部曲来整理思路。比如读一本书时，你首先要问："整体而言，这本书阐述的是什么？作者提出了哪些观点？他是怎么论证自己的观点的？他的思维方式有没有问题？"

其次，可使用网状法，用绘制"知识树"的方式来加深认识。把某个具体领域想象成一棵树，那么其他分支领域就变成了树枝，主题是树叶。当你在脑海中清晰地勾勒出这一领域的知识树的时候，你对这一领域的认识也变得越来越深刻。

最后，我们还可以使用移植法，运用知识跨界应用的方式来巩固技能。知识是可以交叉应用的，并不是说某一领域内的知识只能应用在某个专业领域内，如果我们能够找到不同研究对象之间的共同点，便可以实现知识的跨界应用。比如拿《孙子兵法》来指导商业竞争，或者把编程时的那种系统的思维应用到写作上来。

想要构建完整的知识体系，非一日之功，它需要大量的时间来消化。多花点时间去阅读、学习、整理、应用和分享，迟早你也能铸就属于自己的知识体系。

4/ 快节奏的时代，
如何快速修炼自学的本事

———————————

自学能力至少包含三方面的能力：汲取新知识的能力；学习、管理现有知识的能力；长期学习的能力。唯有将自学的本领修炼到位，才能立于不败之地。

在压力日增的职场，只有拥有出色的学习能力才能形成你的竞争优势。但一般情况下，职场人士根本没有那么多时间系统性地去上课，大多数人得利用业余时间自学。

然而，听了那么多网课，能力却迟迟不见提升，心态反而学崩了。问题出在哪里？不是那些课程没有用，而是你自学的方法出了差错。自学过程中，我们最容易犯的错莫过于把过程当成结果。你可能听了，却并没有听进去；你确实学了，却并没有学会。

所谓学会，指的是你不但知道那些概念、定理、操作方式，还懂得如何去付诸实践。自学能力强的人能利用行之有效的学习方法去提升自我能力，还能将能力变现。

美国教育家苏珊·克鲁格曾提出"成功教育金字塔"理论。在她看来，是金字塔下方两个基座的能力"自信和自我管理"支撑了处于金字塔顶尖的"自学"这一行为。

自学能力强的人一般都很自信。面对一堆纷乱复杂的学习资料，有些人会习惯性地将自己封闭起来，不愿意去接受新知识、新观点的冲击。自学时，你要有足够的自信才行，你要相信自己能从这一堆资料中找到自己需要的东西，学到渴望已久的技能。

自学能力强的人都具备极高的自我管理能力。他们在时间管理、精力管理等方面很有心得，同时又有着一流的自控力和规划力。他们始终明白这一阶段的自己应该确立哪些学习目标，应该运用怎样的学习方式，以及怎么安排学习节奏、把关学习成效等。

你可以根据"自学能力成熟度模型"来判断自己的学习力处于哪一阶段。

"愿学"

首先你得具备高度的学习意愿，才能练就出色的学习能力。你要小心翼翼地呵护自己的初学者心态，常怀着好奇心和探索欲望。如此才能拥有强烈的学习动力。

"勤学"

刻苦自学的人有着良好的学习习惯，他们要求自己每日都有进步，而三分钟热度的人却总是三天打鱼、两天晒网。回顾过往历程，检验自己是否经常性地学习，或者只是经常性地"打鸡血"，只在受刺激的时候猛学一阵子，事后又不了了之。

"深学"

学习要深入，而深学的标志莫过于深度思考。很多时候，我们接触到的只是问题的表层含义，却对问题本质知之甚少，深度思考能帮助我们不断逼近问题的本质。深度思考不仅是检验我们自学能力的一把标尺，更是我们快速获得进步的途径。

"善学"

我们不辞辛苦地自学技能，是为了有朝一日能将这些能力应用到我们的生活工作中去，这便是"学习之道，在于应用"的道理，也是自学的最高境界。可依照以下方法去修炼自学能力：

想要提高自学质量，首先你要用心甄选学习的源头，慎重选择学习内容。要知道，只是胡乱翻看几篇公众号文章、听几节网课是很难取得系统性进步的。

比如，如果你运用读书的方式去学习，可利用豆瓣等公信力较高的网站去帮助自己挑选合适的图书。列出自己学习框架中所需要的书籍名称，在豆瓣上搜索这些书的评分、目录大纲等，选择购买评分较高、评价较好的经典书籍。

在购买相关网课前，通过各种渠道去了解课程的教学大纲及口碑，根据自己的学习计划找到最适合自己的课程。

另外，我们学习的知识不止包括书本上记载的"明知识"，还有很多书本上没有标明但又存在于知识网络中的"隐知识"。可通过以下方法获取：

比如请教前辈、行业达人。吸取、参考前人的学习方法和经验，本身就是一条捷径。另外还可以查询"百科全书"。很多软件是附带说明文档的，比如微软关于 Excel 的使用手册等，它好比 Excel 知识的百科全书。我们可以根据这些说明书来获取知识。

　　在这个快节奏的时代，面对层出不穷的新鲜事物、信息、知识点，人们都需要经历一个从不认识到熟悉再到熟练掌握的过程，这一过程中，最缺少不了的便是自学能力。缺乏行之有效的自学能力，你迟早会变成被社会淘汰的对象。

5/ 勇敢质疑，
才能进步

职场上，那些学习能力强的人一定是具有辩证思维意识的人。想要快速掌握新知识，并将知识内化为能力，我们就一定要敢于质疑，因为质疑本身就是一个学习过程。

在行动学习中，质疑至少能起到两方面的作用。一方面，它能提高问题解决的效率。无论学习哪一方面的知识，我们都有可能遇到无数问题。唯有步步质疑，才能促使你在展开深度思考的同时付出实际行动，通过搜索、比对资料等方式不断靠近问题的核心。

另一方面，质疑能提升你的个人能力。首先，它能改变你的行为。你可以设置一系列有洞见性的提问来启发思考、展开联想。而在之后的学习与实践中，你会带着问题去改善自己的学习方式。

其次，质疑能改变你的心智模式。著名组织学习专家阿吉里斯曾说："反思的技巧用于放慢思考的过程，使我们更能发觉到自己的心智模式如何形成，以及如何影响我们的行动。"高质量的质疑，能促使我们产生深刻的反思，以此获得切合适宜的心智模式。

电视剧《都挺好》中有这样一幕，苏明玉向老蒙推销英语课程，商人老蒙几句话便问出了苏明玉的底细，他得知苏明玉同时做三份兼职，平日省吃俭用就是为了出国留学、出人头地。老蒙问苏明玉："你出国留学需要多少钱？"苏明玉说30万。老蒙质疑她靠着读书这种主流阶层的赚钱方式，恐怕10年后才能实现自己的梦想。见苏明玉迷惑不解的样子，老蒙为她算了一笔账：大学期间做三份兼职，每月攒下2000元，毕业后每月攒下3000元，10年后才能攒够30万元。

老蒙的一番话让苏明玉恍然大悟，亦彻底颠覆了她的思维方式……

那些深怀远见的职场人士会在自主学习或者被动学习的过程中不断培养自己的问题意识，并时常沉浸在怀疑和探索的状态中。当他们心中怀有疑问时，首先会判断这些问题是否有价值、有意义，得到肯定的回复后再去努力钻研，直至得到满意的答案。

提问不是简单的发问，我们提出问题的时候，必须注意以下两方面：

讲究方法。学习要讲究方法，方法对了才能起到事半功倍的效果，提高也是如此，要注意方式方法。有人提问时啰里啰唆，半天都讲不到重点，这种情况下，无论是自问还是请教他人，都无异于浪费时间。我们提问前最好从整体出发，围绕自己的疑问点、难点去提炼问题，果断抛弃那些细枝末节。提出的问题要有新意，不要太过老套。

注意禁忌。敢于提问、会提问能帮助我们更快进入学习状态中去，但提问并不是学习的万能钥匙。提问有着诸多禁忌，不要动不动就乱问一通。向自我提出质疑的时候，如果你的问题不合适，很容易堵塞自己的思路，甚至误导自己的学习方向。向他人提出质疑的时候，如果你所提的问题概念不清、逻辑混乱、主次不分，除了会浪费宝贵的提问机会外，还会让他人对你产生坏印象，这对你的职业发展有百害而无一利。

千万不要滥用问题，哪怕看到别人和自己的观点不相符，在向别人提问时首先要说清自己所主张的理论来源和解决问题的方法论。

质疑属于行动学习中的一项基础技能。从直接表现形式来看，质疑是通过提问来达成的。除了开放式提问外，质疑提问还有以下几种较为典型的模式：

比如，反思性质疑提问。学习过程中，你可以通过关注一些具体的细节来促使自己深度思考。比如学习一项具体技能的时候，你可以一边研究一边反问自己："这些真的是你感兴趣的吗？""你目前只能联想到这么多吗？还能找到别的思路吗？""你的方法实用吗？"

我们还可以采用穿透式质疑提问。这种提问更有力度，目的是为了让自己站在更深刻的角度上去思考问题。尤其是在学习遇到障碍或在做行动学习的复盘时，针对特定情况提出疑问，"为什么会发生这样的问题？""哪个环节做得不到位？""先前为什么会做出这样的安排？"

在与同事或职场前辈讨论相关问题的时候，你若对对方的观点产生怀疑，不妨采用澄清式质疑提问，邀请对方做进一步的阐述和解释。"您刚刚提到的概念我有点模糊，您能具体解释一下吗？"经过这种提问与回答，你会对这个问题产生更加清晰的认知，应用的时候也越发游刃有余。

有时候，为了挑战某人提出的某件事或某个模式的基本假设，你可以采用新颖性质疑提问，即故意提一些看似愚蠢的问题。常见的句式有："为什么一定是那样？""你所描述的那些概念，具体指的是什么？你能举个具体的案例来说明吗？""你自己做过这样的尝试吗？"

合适的时候，我们也可采用分析性质疑提问的方式来帮助自己思考。遇到为什么，将目光从表面现象转移到深层次的内部原因上去。一边发问，一边梳理原因，再根据回答酝酿下一个问题。通过持续性地发问来接近问题的源头。比如："为什么会发生这样的事？""根据相关情况，原因有三点……""这三点原因分别带来了什么后果？"

有句话叫作"思路决定出路"，凡是学习能力强、思维活跃、想法深邃的人，无不是敢于质疑的人。想要达成深度学习和思考的目标，就一定要具备质疑精神。

6/ 如何把知识内化为能力

想要将一个领域的知识快速内化成能力，你首先要抓住这个领域内 20% 的知识，这些知识差不多可以解决 80% 的问题。你可以从专业书籍中自学，也可以寻求该领域的专家的帮助。其次，你必须经过长时间的重复与学习，系统化的训练，才能整体性提高自己的能力。

也许你也有过这样的体验：经常感觉自己的能力不足以应对工作中的种种挑战，身边的人都在以肉眼可见的速度进步，自己也想快速补充更多知识和干货……其实，我们面前已有足够多的知识，问题是，很少有人能够将外在的知识转变成内在的思维方式。

想要将知识内化成能力，首先你要明白二者之间存在着怎样的关系。综艺节目《奇葩说》中，一位选手这样解释道："水在零度的时候会结冰，这是一个知识，是对外部客观规律的归纳和总结。在未来的时间中，我在什么时候把什么味道的水变成什么味道的冰棒，卖给谁，叫作智慧和能力，它是指对知识的处理和运用。"

我们从小到大看了那么多本书，背诵过那么多知识点，为什么很难立刻运用起来？一个字，乱！如果将我们的大脑比喻成电脑桌面，我们每记住一个知识点，每看一本书，相当于在电脑桌面上新建了一个文件夹。随着时间推移，文件夹越来越多，电脑桌面也变得越来越凌乱。等我们真正想要用到一个文件的时候，找来找去却发现根本找不到。

很多时候，我们甚至都忘了自己曾用文件夹收纳过哪些资料，这些被我们"遗忘"的知识便变成了"惰性知识"，它们白白占据着我们的大脑内存，却无法发挥出实际的效用。

实际上，我们每发现一个有价值的文件，都要将其运用到实践中。这样才能保证电脑桌面始终干净整洁。对于知识的学习也是一样，每掌握一个知识点，都将其转化为自身能力，这样我们根本不用浪费那么多时间和脑力去记住那些零散琐碎的知识点。

这其实就是知识内化的过程。那么，为什么那么多人被困在知识壁垒里，始终无法将知识内化成能力？最大的原因在于，他们缺乏信息整合能力。

一位程序开发者对他的朋友抱怨说，明明他学习了很多编程方面的书，对很多不常见的知识点都很了解，可上次面试的时候，HR问他设计模式、多线程方面的实际操作步骤，他却瞬间懵了，不知道具体该怎么用。而且，他发现自己平时在编写代码的时候，总是在用老一套方法去设计，似乎之前看的书、掌握的知识点都被他遗忘在了脑海深处……

在这个信息泛滥的时代，你要学会鉴别有利与不利的信息，并在其间进行有效收集、筛选、整理及深加工的工作，如此才能构成有效学习，否则花再多时间也只是白费气力。

另外，太多人拥有这样的恶习——"吃了吐、吐了吃"。每天睁开眼睛，那些数据和信息就像一顿"美味大餐"被我们囫囵吞枣般咽下，那些信息尚未被完全消化成知识，又被我们统统抛之脑后，饥饿的我们开始寻找下一顿信息大餐。信息中那些肤浅有趣的部分被我们索取、品尝，真正有营养的部分却被我们抛弃，由此造成了极低的吸收效率。

想要将知识内化成能力，在平日实践中，我们具体可以这样做：

首先，我们可以记住知识点的适用场景。我们在学习一个知识点的时候，不但要记住它的原理、内涵，更要记住它的适用场景，明确这一知识点的使用范围，衡量它能带来的价值。比如，程序设计模式中的"工厂模式"是一种创建对象的模式，主要用来解决对象创建中的种种问题。工厂模式被广泛应用在 jdk（Java 语言的软件开发工具包）中以及 Spring 和 Struts 框架中……

其次，我们可以带着知识点，观察别人是如何应用的。比如，你学到了一个写作技巧，搜集相关文章，观察作者是如何运用这一技巧的。分析这些作者处理得高不高明，如果是你，你会怎么处理。

再次，我们可以寻找或创造使用知识点的典型场景。为了避免学了就忘，我们可以有意识地去寻找或创造特定的机会去使用这些知识。或者在每天开始工作前，审视你的工作任务，有意识地询问自己：哪些地方可以运用到哪些知识点。比如，做 PPT 的时候可以运用到上星期刚学的 PS 技能等。

哪怕有时候用起来很生硬，也要不断尝试。这其实是为了在你的头脑中建立一种条件反射，之后的工作中，当类似的场景出现时，你能不假思索，即刻应用相应的知识点。

还有一个值得借鉴的方法，我们可以用渠道让知识变现，让学习跟财富挂钩。比如，尝试着运用自己平日积累的知识去做出一个可行性产品，帮助自己提高收入。这不是个天方夜谭式的想法，毕竟在互联网高速发展的时代，知识变现的渠道和平台层出不穷。

举个例子，你可以将自己学习得到的知识结合经验写出一篇篇高质量的干货文章，并分享到许多有影响力的自媒体平台上。而你系统化输出知识的过程，也是你将零散的知识点转化成技能的过程。如果你写的文章真的很精彩，还能得到现金奖励。

除了写文章外，你还可以将自己掌握的知识设计成微课，或做成专栏，去有偿分享给广大网友等。

学习知识很重要，如何消化这些知识，将其转化为能力更重要。记住，我们的大脑不单是用来记住知识的，更是用来思考的，别让惰性知识白白浪费我们的大脑内存。

PART

07

成长障碍，
你正在废掉的6个迹象

1/ 追求短期快感，
懒于长期投入

想要对抗人性的弱点，我们就要将满足感延后，重新设置人生中快乐与痛苦的次序，追求长期投入，而非暂时的安逸与享乐。这样才能在不远的未来收获更大的快乐。

生活中有太多事情容易刺激人的多巴胺分泌，让人获得短暂的快感：和朋友聚餐时，开心了就一杯接一杯地喝酒，喝到醉酒晕厥；深夜抱着零食桶和"肥宅水"，一边看剧，一边控制不住地暴饮暴食，直到胃里塞满食物才觉得满足；刷小红书的时候被"种草"了一件贵妇级化妆品，顿时心动不已，刷爆信用卡也要拥有它……

某图书馆中，一个年轻女孩面前摆放着一本厚厚的专业书籍，她却一边喝着奶茶，吃着甜食，一边聚精会神地盯着手机屏幕，不时发出畅快的笑声。在她旁边，一位戴着眼镜的男青年正在钻研一本晦涩难懂的英文原著。只见他皱着眉头，时不时在笔记本上认真记下难点。傍晚五点钟，男青年收拾好书本、资料，戴上运动护膝，准备去健身房大汗淋漓地运动一场。而他身边的女孩却顾不得收拾，她所有的注意力都被一则娱乐新闻所吸引……

心理学家研究说，人们总是拼命追求快感，这几乎是刻在我们基因里的本能代码。但这种原始的强迫性刺激感觉是不长久的，当它消逝后，人类大脑中的自省机制便占了上风。所以，快感之后，我们通常会感到无尽的空虚、悔恨、痛苦。

遗憾的是，快感极容易成瘾。虽然意识到那种愉悦感不过是多巴胺在作祟，且事后多半会后悔，但很多人还是会在短期快感与长期快乐间不顾一切地追求前者。

追求短期快感的人，其实是在追求感官享乐刺激。除了食欲、情欲、购物欲外，在这个信息时代，最常见的诱惑是互联网带来的。包括各种"人性化的"软件、App，各种"投你所好式"的网络信息等，我们或被动或主动地沉溺其中，渐渐无法自拔。

"互联网回音壁"现象正体现了这一点。你逛购物网站时，会发现网站首页给你推送的商品，绝大部分都是你感兴趣的品类；你刷视频软件时，会发现网站给你推送的视频，恰恰符合你的爱好和审美情趣；你翻开社区交流网站时，一眼望过去，首页信息都是你曾浏览过的或特别想知道的。"互联网回音壁"恰恰体现了你的生活方式、价值取向。

你在这些软件中留下的足迹，犹如回音一样，又被传送到你面前。而那些越是能在短时间内取悦你的东西，它越能轻松地控制住你。沉溺于这些软件、信息所带来的廉价快乐的你，时间不知不觉中被偷走，意志力被消磨与摧毁，整个人徘徊在废掉的边缘。

想要避开短期快感的陷阱，就要尽量去做那些缺乏感官刺激，却对未来发展颇有收益的事情。心理学上有个著名理论叫作"延迟满足感"，指的是"一种甘愿为更有价值的长远结果而放弃即时满足的抉择取向，以及在等待期中展示的自我控制能力"。

聪明的人会将玩游戏、看视频、暴饮暴食的时间用来学习、健身、提升工作技能。虽然后者需要漫长的反馈周期，持续投入，却能让你的人生提升到一个更高的层次。

那么，我们如何做才能摆脱短期快感呢？对于那些意志力不强的人来说，强行自控可能会导致他们的心理防线全面崩塌，陷入"破罐破摔"的旋涡中，唯一的自救方式是有节制地去满足欲望。首先，完成一项工作或目标后，我们要及时犒劳自己。

在追求长期目标的过程中，不要对自己太苛责。完成一项工作后，给自己买个小礼物，请自己吃顿大餐，甚至干脆偷个懒，给自己放一天假。

前提是，你确实高质量地完成了这项任务，不要潦草地糊弄完任务，只为了最后的奖励，更不要在工作只完成一半时，急急忙忙地犒劳自己。要知道你看一眼抖音，可能一上午的时间就过去了；点一碗外卖，可能工作的劲头便再也回不来了。

其次，我们要尽可能地放慢速度。比如，吃零食时，如果你一刻不停地吃，不一会儿就能将桌面上的零食一扫而空。你可以尝试着放慢速度，比如花 5 分钟时间去吃一片薯片，慢慢你会发现吃零食这件事带给你的快感没有那么大了。这样坚持下来，可能你三天才能吃完一包薯片。

最重要的是，我们要找到安抚品。互联网带给我们的短期快感，本质是新鲜信息大量涌入的刺激感。为了找到更健康的替代品，你先尝试着回想上一次你被一件事情吸引，对手机的兴趣骤然降低是什么时候。你也可以让自己进入"反刍模式"，翻翻以往的笔记本、手机里的备忘录，找找过往的目标。

寻找安抚品的过程其实是切换能量来源的过程，用做一件事的成就感替换网络信息带来的新鲜感，比如写作、阅读、健身、登山等。

我们要基于长期来做思考，而不仅仅着眼于眼前的享乐。尽量延迟满足感，我们的心态会愈发趋于理性，学习的时候也将更从容与专注。

2/ 一颗安于现状的心

安于现状，在如今这个高速发展的社会是一个充满危险的行为，甚至可能将我们拖入万劫不复的境地。

职场上那些安于现状的人有着诸多共同点：不求上进，多年如一日地在基层岗位从事重复性工作，没有任何进步和改变；对工作麻木、缺乏热情，日复一日地敷衍；有严重的畏难情绪，遇到问题立即选择放弃。为什么很多人年纪轻轻就安于现状？原因无非以下这几种情况：

屈服于惯性和惰性。当我们在一个工作岗位上待了好几年，已经熟练掌握了一项技能时，即便我们的热情早已被消磨殆尽，完全是在靠惯性工作，也舍不得离开。即便这份工作让我们觉得很枯燥、乏味，我们也不敢放弃，因为它已经成了我们赖以生存的渠道。

对未知的恐惧。虽然人都有好奇心，时不时地会闪现出一些挑战新事物的想法，但很少有人敢于放弃现有的一切从头开始。谁也不敢保证做出这种改变的自己，一定能适应新的环境，在未来一定能生活得很好。对未知的恐惧限制住了大部分人的脚步。

缺乏人生规划。很多人进入职场前都没有一个明确的发展规划，他们抱着走一步算一步的想法，随波逐流、得过且过。一开始，他们和身边那些目标明确、拥有详细人生规划的同龄人差距不大，但不出几年，后者却将他们远远甩在了身后。

缺乏执行力。有些人不缺目标和能力，缺的是一份果决的执行力。他们每天都在盘算、计划，却又在反复犹豫的过程中将机会和时间白白浪费。焦虑感时时笼罩着他们，导致他们什么也做不好。加上身边人的阻拦，他们慢慢习惯屈从于现实，最终安于现状。

电视剧《小欢喜》中的男主角方圆在工作之余，最大的兴趣爱好是逛花鸟鱼虫市场和养小动物。儿子的老师过生日，他居然挑中一只金钱龟当作礼物。

作为政法大学的毕业生，他熬到四十五岁也没能得到提拔，而且，公司相关部门并购之后，他成了唯一被踢出局的人。沉重的打击下，方圆迎来中年危机……

行为经济学家和心理学家认为，人类喜欢维持现状是一种认知偏差，即"现状偏好"。而这种认知偏差很大程度上会影响到人们的选择、决策及最终的发展结果。

为什么说职场人士安于现状是一件很危险的事？首先，职场没有起点和终点，永远有新人在涌入这个"战场"，如果我们不追求升职加薪，也不追求个人的成长进步，迟早会被后进入的人所替代。

其次，知识经济时代，市场环境瞬息万变。这种情况下，不冒风险反而会变成最大的风险。就像当年国企改制的过程中，很多得过且过的员工一夜间下了岗，进入市场后才发现自己一无所长，连生存都成了难题。在竞争愈发激烈的今天，求稳是最具风险的策略。想要比别人进步得更快，就要比别人学习得更快，改变得更快。

2019 年 5 月，全球最大的软件服务商、世界 500 强公司甲骨文裁掉中国研发中心的 1600 名员工，这些员工大多是 35-40 岁之间的精英工程师，谁料一夜之间他们就失业了。

这件事引起了网友的热烈讨论，要知道，在这之前，甲骨文一直有着"中关村第一养老院"的外号。该公司福利特别好，工作又很清闲，很多员工在经历裁员前经常申请在家办公，每年最多只忙一两个月，其余时间都在享受生活。

在面对未知时，我们要尝试着转变自我思维模式，令大脑默认的神经回路从"满足现状，按兵不动"变成"积极探索，勇于改变"。

首先，我们要从小事做起，建立起"勇于改变"的神经回路。每天做出一点小改变，像训练肌肉一样训练你忍受不确定性的耐力，建立耐受度。也许你习惯了每天中午只光顾同一家餐厅、吃某几种菜式，从今天开始，换一家餐厅去吃。也许你从小到大偏好的都是抒情优美的音乐，从今天开始，将手机里的歌换成激昂的摇滚乐。尽可能让小小的惊喜和突发奇想变成你生活的一部分，慢慢去建立起积极探索、勇于改变的神经回路。而这种期待做出改变的动力会自然而然地得到强化。

其次，我们可以列出"恐惧清单"及解决对策。拿出纸和笔，逐一记下那些你一直想做却一直不敢做的事情。比如：竞争主管位置，实现薪水翻倍的梦想；辞掉工作，换一个更有发展的平台等。分析这些问题：如果你做了这些事情，最坏可能发生什么情况？怎样预防？或者怎样让损失降至最低？

比如辞掉工作后，可能一段时间里，你无法找到新工作。所以辞职前，要确保自己有足够的积蓄支撑起一段时间的失业生活。或者，事先将心仪公司的应聘要求研究透彻，至少确保自己有五成把握成功应聘上这个职位，再辞职。找到新工作前，可以去报班学习，以度过那段失业时间……

为了进一步激励自己，分析如下问题：如果你做出改变，并获得了成功，那么在半年内你能得到什么好处？1年后呢？3年后呢？比如，半年内，可能你的薪水翻了倍；1年后，可能你已经积累了很多人脉资源；3年后，你可能正向着行业顶尖位置进发。

最后再分析如下问题：如果不思进取，安于现状，那么半年后你可能获得怎样的代价？1年后呢？3年后呢？比如，半年后，你专业之外的其他方面的技能进一步退化；1年后，你的上进心越发衰退；3年后，可能行业发生巨变，你面临淘汰风险。

在市场经济时代，由惰性驱动做出选择，大概率只会将你推向一个不尽如人意的结局。你要勇于改变，向着人生的高峰奋发进取。

3/ 遇到不顺心的事，
　　一味抱怨

　　职场上，抱怨只能用来发泄内心的不平情绪，你不能指望用它来改变现状。甚至，你的抱怨会让事情变得越来越糟。

　　"真是倒霉极了，怎么做什么都不顺利呢？""天天重复做一件事，真是毫无激情！""为什么背锅的总是我！""又要加班？我命也太苦了！"……

　　你是不是也是这样，工作的时候只要遇到一丁点儿困难、挫折，受那么一点儿委屈，便喋喋不休地抱怨，浑身充满负能量。你将工作中的不顺心归结于自己运气不好，却从未想过，正是因为你毫无节制的抱怨，才让你失去了机会，变得越发倒霉。

　　根据智联招聘发布的一份调查报告可知，在参与调查的 5000 余人中，65.7% 的职场人士说自己每天抱怨的次数大概在 1–5 次之间，4.8% 的职场人士表示自己每天至少要抱怨 20 次以上，而在所有接受调查的职场人士中，他们抱怨的事情中有 80.5% 的内容都涉及工作。你有没有想过，为什么你心里总是充满了委屈和不公平感？

我们工作中抱怨的根源，很少是因为我们无能，更多是因为我们的眼睛总盯着工作中的不足。尤其是刚进入职场的时候，短期内你无法游刃有余地适应工作，遇到问题不想着去解决，却爱抱怨。养成这一习惯后，以后遇到的问题越多，你抱怨的概率就越大。

有些人爱抱怨，是因为无法转变思维。进入职场前，他们心中大多怀抱着火热的理想，进入职场后，才发现全然不是那么回事。强烈的反差浇灭了他们的热情，他们一方面不愿意接受现实，另一方面又不愿改变自己，抱怨便变成了他们发泄情绪的渠道。

有些人爱抱怨，是习惯性地推脱责任。他们总是在盘算"我应该得到什么""别人应该给我什么"，而从未想过"我付出了什么""我是否尽全力争取过""我是否有足够的价值得到我所期望的东西"。遇到不顺心的事，从不在自己身上寻找原因。

《欢乐颂》中，职场"傻白甜"邱莹莹无论是工作履历还是教育背景，样样都比不过同事。而且她性格太过鲁莽，说话不经大脑，做事也颠三倒四，总是将分内工作弄得一团乱。在她看来，自己就是个事事不顺心的倒霉鬼。仔细观察邱莹莹的言行举止，你会发现她的问题不在于能力不足，而在于这个坏习惯：遇到问题不积极解决，却一味抱怨。

与邱莹莹相比，安迪是当之无愧的职场女精英。她身世坎坷，却从未听她抱怨过一句。职场上，她不断遇到挑战，甚至是对手的恶意竞争，但每次问题发生时，她总能排除负面情绪的干扰，第一时间冷静下来，有条不紊地去解决问题。

团队成员间相互影响、配合、组织工作是十分重要的。只有与周围的同事建立起良性的关系网，才能保持良好的工作状态，做起事来更顺畅自如。整天怨天尤人，首先会让你成为上司、同事眼中的负能量来源，要知道负能量是相互传染的，你一开口，大家的工作积极性瞬间大打折扣，久而久之，还有谁愿意和你打交道？

其次，抱怨也会夸大困难、挫折对你的消极影响，让你在负面情绪里越陷越深，长期的抱怨势必会让你陷入职场生存的困境。所有的问题都有着相应的解决方法，在遭遇困难的当下，你应该稳住情绪，积极开动脑筋、充分调动资源去解决问题。

职场上一味抱怨只会堵死我们的前途。一些富有经验的职场人士将抱怨的话说得十分有水平，反而能起到令人意想不到的效果。

首先，尝试去笑着抱怨。用赞美、感激的话作为抱怨的开端，或者全程笑着去抱怨，能降低对方的敌意，巧妙达到目标。

举个例子，周萍在一所语言培训机构上班，最近一个月她经常加班，整个人忙得天昏地暗。有一次，她故意对上司说："上班这段时间来真是收获巨大！我几乎每天都要忙到11点，晚饭都没空吃，省了好大一笔饭钱不说，我还瘦了好几斤！最重要的是，这段时间真是我从业以来进步最快的一段时间了，真的感谢您当初给我这个机会！"

由此，上司知道周萍工作态度认真，一直在加班，又了解到她这段时间非常辛苦，便给她批了一周的长假。

其次，他们就算真的想要抱怨，也要等取得了一定的成绩后，再去抱怨。如果你的待遇很久得不到提高，别急着去抱怨。聪明的人会埋头工作，并在取得一定的成绩、创造出属于自己的价值后，再去向领导提出合理的要求。

最后，他们会带着解决方案去抱怨。如果你想向上司倾诉某个制度不合理，导致你的工作频频陷入困境，不妨先拟出一套切实可行的解决方案。这样上司才会重视你的发言，关注你的需求。

无论是笑着抱怨，还是带着解决方案去抱怨，其实都是一种有效沟通。低水平的抱怨会阻碍你的职场之路，而有效沟通却总能让你在第一时间解决问题。所以，问题发生了，不妨找到关键人物，利用沟通技巧去和对方心平气和地谈，请对方协助解决问题。

4/ 低质量的长期宅家生活

长期低质量的居家生活，会侵蚀一个人的外貌、心智，让他的人生从此跌入深渊。如果你正处于这样的生活状态中，一定要实现自救，及早走出去。

"宅"分两种，一种是低质量的"足不出户"，靠着外卖存活，用游戏、抖音来麻痹自己；一种是高质量的"独处"，享受不被人打扰的时光。这里我们讨论的是前者。

作家李尚龙说："在大城市里，搞废一个人特别简单。给你一个安静狭小的空间，一根网线，最好再加一个外卖电话。你便开始废了。"

年轻人之所以选择宅，很大一部分原因是因为懒。很多宅男宅女们坦言，就是懒得出门而已。在外奔波的生活令他们感到恐惧，打心眼儿里排斥。而在这个高速发展的网络时代，他们足不出户便能了解到最新的资讯，还能与志同道合的朋友交流感情，他们甚至能够通过网络购买到一切生活必需品。网络带来的便利，反而让他们变得越来越懒。

有些宅人正是因为生活中缺乏目标，才过上了这种颓废的生活。比如，刚进入大学校门的大一新生和失业的年轻人，他们的生活节奏仿佛在一夜间停滞，这让他们感到迷茫，很不适应。没有清晰的生活目标及个人成长计划，令他们变得越来越宅。

有的人不愿意出门，是因为他们天生性格内向，在人际交往方面有着许多障碍。在脆弱心理的催化下，他们越发封闭自己，宁愿待在自己的小世界里过一辈子。

还有些宅男宅女选择用网络来麻痹自己，是为了逃避生存压力。娱乐信息、短视频、网络小说、游戏等给他们空洞的心灵带来一丝安慰，导致他们越发沉迷于网络世界。

赵星鹏失业后，每天都过着颓废的宅男生活。上午11点，他睡眼惺忪地爬出被窝，拿出手机订了一份日式照烧饭。随后，他坐在电脑前一边玩起了游戏，一边等外卖。

12点半，他刚刚吃完外卖，又躺在床上玩起了手机。抖音刷腻了，他在视频网站上找到一部新上映的电影，心不在焉地看了起来。中途，他觉得口渴不已，却懒得下床给自己倒杯水喝，便一直忍着。下午3点，看完电影，他又看起了综艺节目。

直到傍晚，他才从床上爬了起来，准备下楼溜达一会儿。换衣服的时候，听到窗外的风声，赵星鹏顿时犹豫了起来，刚穿好的外套又被他脱下，并随手扔在了沙发上。他走进厨房，打开冰箱拿了瓶可乐，一口气喝掉半瓶。在窗前朝外眺望了几分钟后，他又躺回了床上，戴着耳机听音乐的他不知不觉地睡着了。醒来时已经是晚上7点，他百无聊赖地刷起了朋友圈和各种搞笑小视频。8点时，他订了一份外卖，吃完晚饭后又同往常一样打起了游戏……

可是，长期低质量的宅家生活所带来的危害是巨大的，它在潜移默化中改变一个人的心智、外貌，甚至是人生。首先，长期宅着，缺乏运动，会影响到我们的身体代谢能力和免疫力，久而久之，人便容易生病。长期盯着电脑、手机，会造成我们的视力严重受损。而不正确的坐姿会造成人体肌肉拉伤，甚至产生肌腱炎症状。

长期将自己禁锢在特定的空间里，不与人交流，只会让你的沟通能力变得越发糟糕，让你变得越来越孤僻。当你独身一人时，你关注的都是自己喜欢、迷恋的事物，时间久了，你的圈子就会变得越来越小，视野越来越窄。心理学家称之为"伪自闭"现象。

而对于那些没有工作，彻底宅家的人来说，他们对社会、职场规则越是陌生，就越会丧失掉与外界接触的欲望。这种生活极易消磨人的意志，让人跌入无底深渊。

心理学家分析说，长期宅家的人"冷漠型社交"的倾向会变得极其严重。想要实现自救，可以先通过各种途径，努力扩大自己的社交圈。

如果你正过着颓废的宅家生活，不妨从逛超市、看电影开始，重拾对生活的兴趣。有过很长宅家经历的人，可能已经颓废到了极点。因为自卑、害怕与人交流等原因，他们抗拒去任何社交场所。如果你正处于这样的状态中，先鼓励自己勇敢地走出去，哪怕只是去楼下超市逛逛也行，超市生活气息浓烈，五颜六色的蔬菜瓜果能唤起你对生活的热爱。或者鼓励自己去电影院看一场商业大片，适应人多的环境，享受生活的小确幸。

如果你已经很久没有出门旅游过，不妨为自己策划一次旅行。不需要去得太远，只需去城市周边的小镇逛一逛，感受阳光，感受当地的风土人情。或者周末时出去爬山、远足。

你还可以积极地参加同城活动，让自己获得更多走出去的机会。打开豆瓣，找到同城活动那一栏，寻找心仪的活动去参加。比如，如果你喜欢阅读、写作，可以在周末的时候参加一些读书交流会、新书签售会。如果你对摄影、舞蹈等感兴趣，也可以寻找相关活动去参加。这类活动能丰富你的视野，让你交到不少志同道合的朋友。

最后，如果你的状态十分糟糕，一定要寻求心理医生的帮助。一些宅男宅女之所以不愿走出家门，可能是患上了严重的心理疾病。这时候光靠自救是没用的，他们需要寻求专业心理医师的帮助。

互联网的快速发展令人们足不出户便可以完成很多事情。越来越多的年轻人为了逃避现实生活的压力，主动将自己与外界隔离开来，长期宅在家里。殊不知，这种"宅文化"的盛行正是年轻人颓废的开始。你一定要积极自救，摆脱这样的生活。

5/ 没有目标，
沦为生活的奴隶

目标清晰的人能在一个明确方向的牵引下集中所有资源和精力去努力，他们无须旁人提醒与监督。而这样的人，在职场上也比那些莽撞、迷茫的同龄人更容易成功。

很多人因为害怕失败所以不敢设置目标，倘若有了目标，便会产生比较心。对于心理脆弱的人来说，他们害怕接受他人目光的检视，也不愿意被人随意衡量、评判自己的失败，所以他们干脆装出一副不在乎的样子，糊里糊涂地度过自己的职场生涯，美其名曰"顺其自然"。

另一些人不给自己设置高层次的目标，其实是在潜意识里对自己进行了等级划分。你可能也产生过这样的想法，"我是学理科的，做不了新媒体啊""我一直以来从事的都是传统行业方面的工作，永远也搞不懂互联网的"……事实上，没有谁的等级是一成不变的。试想，何炅本科学的是阿拉伯语，撒贝宁是法律专业毕业生，都不妨碍他们成为优秀的主持人。

周萌大学毕业后没心没肺地玩了很长一段时间，眼见别人都找到了工作，她才慌了起来。她托朋友把她介绍到一家互联网公司去上班，任客服一职。如今3年过去了，她还在做客服工作，每天没完没了地应付各种难缠的客户。

公司人际关系复杂，她没什么背景，升职空间也不大。虽然她危机感很重，却没有动力去改变，每天她除了应付客户外，就是和同事插科打诨、嘻嘻哈哈，到了休息时间，她喜欢睡懒觉、逛街。朋友劝她在年龄优势消逝前早点转型，她虽然很认同朋友的想法，却又不知道向哪个方向转型，怎么转型。最后她苦笑着对朋友说："看来客服是唯一适合我的工作……"

如果你在心理层面上给自己划分等级，认为自己就应该处于基层位置，这辈子都只能维持在低水平上，你就真的无法突破自我了。每当你迷茫、困惑的时候，你都该静下心来好好问问自己，你希望自己5年、10年后是什么样子？过着什么样的生活？

有句话叫作没有目标的人都在流浪。目标首先能带给我们正能量，如果你为了工作而工作，为了努力而努力，久而久之就会丧失斗志。有了清晰的目标，就有了前进的动力，它是你努力的依据，是你对自己的鞭策，它让你在奋斗的过程中始终斗志昂扬。

目标让你懂得取舍。当你知道什么对自己更重要后，你就会紧盯目标，不会因琐事而分心。而没有目标的人却容易被琐事牵绊住脚步，导致寸步难行。

目标让你能永远把握住现在。目标的本质就是对现在的量化、对将来的预估。每个长远目标都由无数小目标组成，想要完成那些小目标，你必须聚焦当下，将全部精力放在眼前的事物中。没有目标的人会永远活在对未来的幻想中，任由时间被浪费。

更重要的是，目标有助于自我评估。职场中为自己设置清晰的目标与计划，其实是在进行自我评估，目标完成度越高，说明对自己的要求越具体、清晰。知道自己进步了多少，哪些方面存在不足之处，问题出现前，也懂得未雨绸缪、提前谋划。而没有目标的人，却只能被动等待问题的出现，一旦问题真的出现，这些人就会被击溃。

需要注意的是，我们无法在同一时间内聚焦于过多的目标，所以，拥有很多目标相当于没有目标。关键在于，如何找到目前真正想要并适合你职业发展定位的那个目标呢？我们应该怎么做呢？可参考以下方法：

首先，写下你的职场梦想。将你所有想要达成的目标都写在一张纸上，比如你想做哪一类型的工作；你想在职业上获得怎样的成就；你想月入多少、年入多少等。

写完所有的梦想后，你现在要做的是从中挑出一个你最想实现或最容易实现的目标。也许是月薪翻两倍，也许是 3 年内年薪达到 20 万，也许是进入公司管理层等。

其次，确立这个目标后，你最好写下每天要做的事情。再找出一张纸，写下能帮助你完成这个目标的 30 件事情，越实用越好。比如，想要实现月薪翻倍，你必须增进 PS 技能，和上司搞好关系等。也许你只写了 5 件事情就写不下去了，这时候可以上网找资料、请教前辈，坚持写完这 30 件事情。

写完后，从中挑选出一件你觉得最实用、对你帮助最大的事情。同时做出一份计划表，每天给这件事情留出相应的时间去完成，比如，每天花一个小时去练习 PS 技能。

一定要养成习惯，坚持不懈地去做。一年后，再回过头来看，你会发现自己早已告别了那种毫无目标的状态。这时候你的生活极有可能发生了翻天覆地的变化。

最后，追求目标的过程中，你要远离毫无目标的群体。你要下意识地远离那些得过且过的同事，尽量不去参加一些无意义的饭局。同时想方设法地去认识一些优秀而自律的人，和他们交朋友。

6/ 不承认别人的优秀
是因为努力而来

面对比自己更优秀的人，有的人选择愤愤不平，自怨自艾，有的人却选择承认差距，奋起直追。后者往往能够逐步缩小这种差距，变得更加强大起来。

"她优秀什么啊，不就是运气比我好一点吗""他就是出身好，本身没什么实力""要不是有贵人相助，他不可能走到今天"……也许你也曾遇到过这样的人，他们总将别人的成绩当成是运气，不愿意承认人就是比自己优秀；他们只能看到别人光鲜亮丽的一面，却对别人的努力视而不见。事实上，只有故步自封的人才会一味否定别人的优秀。

很多人不愿意承认别人的努力与优秀，很大程度上是因为承认别人即意味着他们同时得承认自己的懒惰、虚荣与失败。这对于每个人来说，都是一种巨大考验。

而这种考验恰恰体现了一个人认知层次的高低。心理学上存在一个概念，叫作"达克效应"，意思是那些认知水平越低的人，越会过高地看待自己。

这一类人对于自己的评价往往高得离谱，面对比自己更优秀更努力的个体，他们常常表现出不屑一顾的态度。在有限的见识下，他们不肯承认对方的努力，或一味将对方的优秀归纳于运气。他们这样做其实都是为了说服自己：对方是不配得到称赞与认可的。然后得出结论：如果我也能拥有对方的条件或处在对方的环境中，我能做得比对方更好。

而对于那些认知水平高的人来说，他们的目光却是开放而包容的。他们敢于打破认知，理性地看待自己和他人。能正确地认知到自己的不足，也懂得欣赏他人的优秀，更愿意和优秀的人做朋友，学习他们的优点和奋发进取的精神。

看不到别人的努力与优秀也是一种自卑的表现。这样的人接纳不了自身的不完美，哪怕已经看到了自己与他人的差距，却不知道如何去缩短差距，于是干脆用不承认、贬低的方式去放大别人差劲的一面，淡化别人优秀的一面。这其实是一种自我安慰。

不肯承认别人的优秀，更是一种争强好胜的表现。有些人从小承受着父母、亲人的高度期待，这造成了他们事事追求第一的性格。这虽然是一种动力，却也是一种压力。

其实，对于成年人来说，成长的第一步就是首先学会承认别人的优秀。看到别人有优于自己的长处时，唯有鼓起勇气、直面差距才是正确的选择。比如，解决困难的最佳路径莫过于寻找一位榜样，观察对方的行事风格及实际操作的过程，再基于对方的研究去查漏补缺，很多难题因此迎刃而解。而那些不愿意承认别人的努力与优秀的人，总是活在焦虑中。

办公室来了一位年轻女孩，工作能力很强，做的方案让经理赞不绝口。对此，张蕾心里酸溜溜的，背地里和其他同事讨论起女孩时说："经理喜欢她，不就是因为她长得漂亮吗？"同事们也附和道："说不定是走后门进来的，经理当然另眼相看啦。"

不久，经理安排张蕾和那个女孩合作一个新项目，张蕾心想一定要好好表现，最好把对方比下去。可真进入合作环节后，张蕾对女孩的印象却来了个180度的大转变，原来女孩做事极度认真、严谨，PS技能运用得出神入化不说，文笔水平也很过硬。

一开始，张蕾还安慰自己说："她实力很一般，经验根本没有我丰富。"慢慢地，她却心服口服起来。她不得不承认，对方从创意到细节都比自己考虑得更到位，这个同龄的女孩就是比自己要更优秀、更细心、更拼命……

优秀的人其实是一种资源，实际上完全可以借助他人的优秀完成自我的提升。前提是，你要懂得如何与优秀的人打交道。首先，你需要找到合适的榜样来淬炼自己。

你不必将所有优秀的人都视为偶像去盲目追随。别人的优点自然是可以学习并为己所用的，但首先要考虑，对方的优势是你应该学习的吗？适合你吗？你更不能随便将别人的优点对比自己的缺点，这样只会导致你心态越发失衡。找到合适的榜样后，努力向其靠近即可。

其次，你要向优秀的人虚心请教。哪怕你脸上写满了"不服"二字，你内心深处肯定还是希望自己能变得更优秀一点。既然如此，不妨放平心态。遇到不懂的问题，虚心求教，千万不要不懂装懂。

另外，要学会少说话多做事。与那些优秀的人相处时，要仔细观察他们的做事方式。有些职场精英特别注重行动力，那么在与其合作的时候最好少说话多做事，这样对方才会对你生出好感。更重要的是，千万不要浪费那些优秀者的时间，唯有尊重别人的时间和价值，才能换回相应的尊重。

你不仅要正视别人的优秀，承认别人的努力，更要以优秀的人为榜样，努力向他们学习，只有这样才能获得更大的进步。

PART

08

自律，
让精进成为一种习惯

1/ 养成"今日事今日毕"的好习惯

每天都做好分内的工作,是超强执行力的第一步。而毁掉自律的,是我们永远寄希望于明天。

很多刚入职场的新人习惯于将今天的事推到明天去做,最后无限期地搁置。他们回答的借口无外乎"每天工作量太大了,下班之前根本完成不了""每天都有新的工作任务,做不完的只好一拖再拖"。其实,很多时候我们不是来不及完成,而是效率太低。

效率低,一方面是因为我们没有将所有的注意力都放在工作上,频频受外界诱惑而分心;另一方面,是因为大部分职场新人对自己的权责范围不是很了解。正因他们不知道什么是今天必须要做的事,总是"眉毛胡子一把抓",导致什么事都做不完、做不好。

其实,我们每天要做的事无外乎两类:一类是上司分配给我们的,每天都要完成的工作计划;一类是完整的职业规划、成长计划等。比如你是一位新媒体编辑,上司安排你一个月必须完成6篇文章。

那么你要将这项工作任务进行拆解，分摊到每一天，有条不紊地完成。如果你不满足做底层编辑，不妨给自己设定整套的学习目标和执行方案。

这是一个宏大的目标，它很重要，但不是很紧急。你可以将这个目标拆解成阶段性任务，再根据现阶段的任务做出一份"每日工作计划书"，保证每天都能进步。

真正实施的过程中，白天你要做好自己的本职工作，业余时间里你可以根据职业发展规划逐步提升自己。中途你一定会遇到无数诱惑，但你必须保证无论遇到哪些麻烦、无论多累多晚，都要强迫自己将今天的任务无条件完成，一项项地划掉任务清单。

能做到"今日事今日毕"的人，会自动摒弃一切借口。很多人为了安慰自己，或者逃避上司、同事的责难会编出各种说辞，去解释自己没有完成当天计划的原因。然而，越喜欢找借口的人，越是无法做到自律。你要做的，是客观分析问题，找出失败的原因，力求在新的一天里做得更好。稻盛和夫年轻时一直保持着今日事今日毕的习惯，他除了每天完成固定的工作外，还会抽出时间来反思，并总结出新的经验教训。这给予我们的启示是：达到今日事今日毕不是最终目的，它其实是在为下一阶段做铺垫，即确定自己的完成标准，多多反思，做到保质保量。

《李嘉诚自传》中记载着这样一个故事，因为白天应酬太多，李嘉诚晚上一般会在办公室里加班到深夜。他发现，有个员工和他一样，晚上经常出现在公司办公室里。有一次，李嘉诚特意叮嘱他："不要太晚，注意休息。"

员工笑笑说："今天还有工作没完成，做完就休息。"又有一次，李嘉诚发现那位员工加完班后，将办公桌收拾一番便回家了。可过了一会儿他又气喘吁吁地推开办公室的门，李嘉诚感到奇怪，便走过去问他怎么又回来了。员工解释说，他走在路上突然想起电脑系统的一个数据弄错了，所以急匆匆赶过来，准备改好了再回家。这件事给李嘉诚留下了深刻印象。

想要做到"今日事今日毕"，就得对自己高标准严要求。此外还要掌握方法：

首先，我们可以在前一晚或者当天早上对这一整天的工作任务进行预估，包括：难易程度，大概需要多少时间完成，有哪些工作需要提前与相关同事进行沟通等。确定工作思路和基本的执行计划。

其次，我们可以从一件很小的事情入手。如果我们从很难的工作开始做起，只会越做越烦躁，越做越沮丧，结果往往是一上午过去了，你还没有进到工作状态中去。不妨将难啃的骨头留到后面，从一件很小的事情、很简单的任务入手，马上开展行动，不要思考太多。做的过程中，可能你的思维会变得越来越活跃，自信心也有效地建立了起来。有了一个好的开始，这一天都会顺利很多。

再次，我们要抓住放弃的那一刻，并及时建立心理暗示。工作过程中难免有坚持不下去的时候，这时候你要善于倾听自己内心的语言。导致我们放弃的语言逻辑可能是"今天已经完成不少了，剩下的明天再做吧""真的好难，先休息，等明天脑子清醒了再处理"……为了不让这种逻辑占上风，我们要用自我暗示的方式建立新的逻辑，比如"其实没有那么难，再坚持 5 分钟""把这个 PPT 做完再说"……

在决定放弃的关键性时刻，用新的语言逻辑代替旧的语言逻辑。反复练习，坚持下去，相信不到一个月的时间，你的意志力便能得到有效提升。

最后，我们要做好复盘。一天的工作结束后，你要抽出一定的时间来进行复盘。清查当天的工作完成情况，用图表或其他方式对工作时长、质量、数量等结果进行整理、汇总。唯有不断地反思、总结，才能从中摸索出一套最适合自己的工作方法。

我们应该像奥斯勒教授所说的那样，"用隔断将昨天、今天、明天分隔，生活在独立的今天"。一定要养成"今日事今日毕"的好习惯，而不要寄希望于明天，要知道明天有明天的事情。

2/ 学会去保存，
而不是消耗自己的内驱力

靠内驱力推动自身进步的人，一般有着说一不二的执行力和顽强的意志力。你要学会保存、管理自己的内驱力，而不是毫无目的、无节制地消耗它。

有没有想过普通人和精英们的差距到底在哪里？为什么有的人在面对困难的时候越挫越勇，有的人却一蹶不振？这些问题的答案都与内驱力息息相关。

内驱力是能力的深层根源，更是意志力的保障。内驱力这种心智资源是极易被消耗的，大多数人对此缺乏客观的认识，也不懂得如何去管理内驱力，这才落得个一事无成的结局。

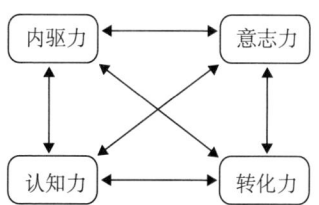

想要学会保存自己的内驱力，首先我们要对它有足够的了解。心理学对内驱力的定义是：在需要的基础上产生的一种内部唤醒状态或紧张状态，表现为推动有机体活动以达到满足需要的内部动力。而内驱系统由三个部分组成：根基、引擎、燃料。

人的渴望构成了内驱系统的根基。而这种渴望会成为我们的动力源，更是我们坚持某种行为的原因。很多人会将这种渴望与欲望混淆，举个例子，很多人都梦想赚更多的钱，问及他们追求金钱的原因时，回答多半是"我想在大城市立足，过优渥的生活"等。

钱是他们实现梦想的手段，是他们欲望的一种体现，毕竟很少有人以赚钱本身为乐趣。等到他们赚到足够的钱，满足了一定的欲望后，这时候想做的事情才触及深层的渴望。

内驱系统的引擎指的是人的思维方式。思维开阔的人意识到自己内心深处真正渴望的事情后，会直接行动起来，并主动争取机会，遇到困难了也会积极想办法解决。

思维狭隘的人惧怕失败，他们墨守成规，不敢做新的尝试。而在行动过程中，他们常常表现得缺乏毅力，也不够自律。于是，"三分钟热度"等现象常常发生在他们身上。

内驱系统的燃料指的是人的热爱。如果一个人已经找到了自身内驱力的根基，具备了成长型思维，但缺少做事情的热情，还是很难将这件事做成功。当然，停留在感官层面上的兴趣谈不上热爱，唯有进阶到"志趣"层面的兴趣，才能成为人的热情所在。

我们做事难以坚持下去，往往是因为我们总在外界的逼迫下无奈地去努力，或为了浅层次的欲望和感官层面的兴趣去奋斗，却并不是发自真心地想做某件事。一旦懒惰袭来，我们的第一反应是努力调动理智来压倒情感，渴望"超我"能控制"本我"，可再怎么用力去对抗，结局还是半途而废，经历过这样的对抗后，整个人身心俱疲、斗志全无。

生活中处处有对抗，处处要消耗内驱力，而在与自我对抗的过程中，内驱力是极其容易被耗尽的。所以，不要总是强迫自己做某件事情，这是很难成功的。

肖潇将上司奉为职场偶像，后者有着十足的自制力，但凡出现在人前都是一副精力旺盛的样子。最让肖潇佩服的是，上司是个健身狂人，每天下班后都要去健身房大汗淋漓地运动一场。后来，肖潇痛定思痛之下，花半个月工资办了一张健身卡。

可他本身是一个很不喜欢运动的人，从小到大他最讨厌上的是体育课。他第一次去健身房就很不喜欢那里的氛围，可他还是咬牙坚持着在跑步机上跑了两小时。

每次去健身房他都很痛苦，但他不断逼迫自己。在这个过程中，他的情绪越来越低落、沮丧，一点也享受不到运动的快乐。果然，不出一个礼拜，这张健身卡便被他转让掉了……

强大的内驱力来源于这三个方面：找到自己的热爱；以成长型思维方式去面对一切；为深层次的渴望去奋斗。我们具体可采取以下方法保存内驱力：

我们可以尝试着开辟一段"避风港时间"。

如果你发现自己正处于一种身心疲乏、过度消耗的状态中，先停止对抗。给自己开辟一段"避风港时间"，将这段时间的关键词设置为"追求幸福"，采取以下三个指标：

1. 保持自由

隔绝外界压力，做一些喜欢做的事情，比如看电影、逛街、冥想等。

2. 不用承担责任

不必为这段时间内做的事感到愧疚、自责。

3. 抛弃连续性

无论前一天做了什么，与第二天的打算统统无关。

从心理学上而言，这是一种"合理情绪疗法"，好比给情绪来一场按摩与放松，这一过程中，我们的内驱力会不断恢复，直至达到饱满的状态。经过一段时间的自我放松后，我们再开始尝试去培养好的习惯，将坚持变成一件自然而然的事情。

其次，你要尽快让自己获得奖励或回报。

心理咨询中有一种方法叫作"阳性强化法"，想要及时补充内驱力，不妨利用这一方法去建立特殊的奖惩机制。比如，做事的过程中对自己满意的行为及时给予奖励，对自己那些不好的行为施以适当的惩罚。但惩罚不能太过，这样会打击你做事的积极性。

　　再次，你可以放慢速度，降低预期值。

　　"20 天内背完这本英语词典""一个月内减肥 30 斤"……给自己制定计划的时候我们总是恨不得一口吃成个胖子，对自己期待满满，可一开始就用力过猛，是极易消耗内驱力的，还不如放慢速度，将自己的期待值调低一点。比如，如果你实在不喜欢跑步，那就每天只跑 10 分钟，享受到跑步的乐趣后，再逐渐增加跑步的时间和频率。

　　自驱力是一种难得的资源，你要知道，毫无节制地消耗内驱力资源，只会让你的人生变得越来越不顺利。

3/ 量力而行，
锁定一个习惯进行培养

在培养习惯的过程中，容易犯下两个错误，贪多和求快。唯有锁定一个核心习惯，量力而行，持续渐进，才能取得预期中的效果。

刚一登上 QQ，便和同事愉快地聊起了天；下班了便瘫在沙发上刷抖音……《习惯的力量》一书的作者查尔斯·都希格曾坦言，人每天的活动中，40% 以上都是习惯的产物。这些习惯像呼吸一样让我们难以察觉，可一旦意识到自己的生活被诸多坏习惯所包围的时候，便会变得焦虑无比。

在改掉坏习惯、培养好习惯的过程中，为什么我们总是频频受阻？古川武士曾提出"习惯引力"的概念。千百年来我们人类为了生存下去，潜意识里总在努力维持固定状态，这让新习惯的养成往往面临着巨大的阻力。如果我们太贪心，想在同一时间段内培养多项习惯，意味着我们必须承受多出数倍的"习惯引力"，这时候，失败也就不足为奇了。

过完25岁生日之后，许瀚文下决心要改变自己。他一口气参加了早起打卡群、跑步打卡群、读书打卡群，计划每天5点起床，运动一小时、背英语单词一小时，中午练习专业技能半小时，下班后练字一小时，睡前读书一小时。为了养成更多的好习惯，他将时间安排得满满当当，每天几乎从睁开眼睛起，他就开始在微信群里打卡，督促自己去完成各种任务，可结局却不尽如人意。

猛跑了几千米后，他便再也提不起心力运动了；连续早起三天后，他便开始赖床、迟到。除此以外，他关于读书、练字、背英语等计划，全都只坚持了两三天便宣告失败了……

这其实是在警告我们，培养习惯的过程中一定要遵循这样的原则：循序渐进，量力而行。当你感觉自己正处于极度糟糕的状态却又无从改变的时候，不妨先集中精力找到自己的核心习惯。锁定核心习惯，等小有成就后，再继续挑战下一个习惯。

核心习惯至少得满足两个特点：你不需要每件事情都做对，但至少要辨别出一些重要的优先因素；当你培养出自己的核心习惯时，能推动其他好习惯的养成。

比如，你的饮食习惯很不好、学习工作的时候喜欢开小差、入睡困难、不爱锻炼等。想要一次性改掉这些坏习惯是很难的，强迫自己只会令你放弃得越来越快。

但是，你只要锁定"坚持运动"这个核心习惯，就可以驱动和重塑其他模式的行为习惯。举个例子，心理学家梅甘·奥腾和生物学家肯恩·程曾在实验中发现，当一个人培养出健身的习惯时，他的自制力会明显提升，并主动拒绝摄入咖啡因，情绪上也会出现正向的转变。

哪怕是再微小的习惯，其最终形成前必然要经历三个时期：失败率为 42% 的反抗期、失败率为 40% 的不稳定期、失败率为 18% 的倦怠期。不同时期可运用不同方法去解决。

首先，当你处于反抗期时，你很可能因为三分钟热度而放弃。这时候不妨采取以下方法去处理：

1. 婴儿学步法

想要在很短的时间内实现大规模改变的你，无异于在给自己的行动增加难度。你需像婴儿一样，从一个微小的目标或一个特别容易执行的步骤开始，先迈出第一步再说。比如，运动之前先做 5 分钟的拉伸运动，享受微微出汗的感觉。

2. 简单记录法

将每日运动的内容和数值简单记录下来，与先前所定的目标做对比，已经完成的和没有完成的都要做出标记。你可以选择用手机去做记录，直观地观测自己每日的进步。

其次，当你处于不稳定期时，你很容易受到周围的人、事、物的影响而放弃。可采取以下方式去处理：

1. 行为模式化

简单来说，行为模式化就是规定时间、内容和地点。

规定时间。拿阅读来说，规定自己每周三、周五晚上九点开始阅读3小时；

规定内容。比如，每天通过音频 App 收听有声小说；

规定地点：比如在安静的咖啡馆里写作。

2. 设置"例外规则"

设置例外规则也能减少坏习惯养成的阻力，这同时也让我们的计划有了弹性。一旦有突发事件，例外规则能让我们从容自如地去应对。设置例外规则意味着我们必须尽可能多地考虑到例外情况，并想好应对策略。比如说，前一天因种种原因中断了某项任务，第二天加倍完成也不失为一个好办法。

最后，当你处于倦怠期时，你会逐渐感到厌烦，并失去坚持下去的信心。这时候你可以采取"添加变化"的方法去应对。

如果你在学习一门新课程的过程中感到厌烦，你可以适当地改变学习的环境或内容，以此来寻求新鲜感。比如，换一本新教材，加入社群学习，学习的时候放点音乐等。

我们大部分人都是在"立志、实行、半途而废、焦虑"的过程中循环往复，因无法养成良好的行为习惯才不断失败。记住，一口吃不成个胖子，你可以从一个核心习惯开始慢慢将自己塑造成一个更好的人。

4/ 小小的仪式感，
让习惯养成走向主体自觉

仪式感相当于一个按钮，当你点击按钮的时候，相当于触发了一个动作或任务。养成在固定的时间点击按钮的习惯，当你点击时，就会刺激自己转向设定的方向。

有的人会在参加比赛前，习惯性地祈祷一会儿；有的人会在开始工作前，为自己泡上一杯热茶；有的人会在跑步前，拉伸几分钟，这些都是仪式感。

培养习惯的秘诀在于：关键时刻为自己创造仪式感，因为仪式感能带给我们一种"掌控感"。当你想要养成一些良好习惯的时候，结合仪式感，会让这些习惯变得更富有吸引力，对你而言更有意义。它带给你一种心理暗示：坚持下去似乎也没那么难。

仪式感相当于一个"行为触发器"，当你去做一套特定动作的时候，相当于告诉自己的大脑：接下来这段时间，我要沉浸在另一种状态里了。可见，给自己接下来要做的事情找个前奏，或召开一个"启动仪式"，能帮助我们集中精力，尽快进入状态。

仪式感又能将一切琐事流程化，从而大大节约我们的注意力。比如，起床之后，你在收拾打扮或者穿西装打领带的时候，就要反复回想之前的工作历程，将身心都调整到紧张忙碌的工作状态中去。然而，很多时候你总是睡过头，匆匆忙忙地穿好衣服赶去公司，在这种"惊魂未定"的状态下，你绝对需要很长一段时间才能投入快节奏的工作中去。仪式感能增加我们心中的确定感。生活经验告诉我们，越是面对不确定性的事情，人在潜意识里越会变得迷信。

每当我们面临紧急、繁重又重要的工作时，内心是很焦躁不安的。仪式感可为我们带来一种心理暗示，以增加我们内心的安定感、确定感，让我们在关键时刻调动多巴胺以激发巅峰状态。很多仪式，实施的时候可能只需几分钟，效果却往往能持续一两个小时。

在培养诸多好习惯的过程中，我们用心地创造更多的仪式感，无疑能起到事半功倍的效果。比如，你可以给自己设计一套"起床仪式"。

很多人想要养成早起的习惯，却总是难以坚持下去。不妨在闹钟响起的时候，实施一套起床仪式。比如调换姿势，正面向上躺平，目视天花板，伸个懒腰再起床。

其次，在点击"下一集"前，你不妨先找一个有仪式感的事情去做。

你可能跟自己约定好每天下班后看一集美剧，但通常看完一集后，你就停不下来了，恨不得熬夜将整部剧集看完。在点击下一集前，给自己设定一个仪式，比如翻开手机备忘录，理清明天的工作计划；

去阳台上安静一会儿，回想今天的会议内容等。

另外，身心疲惫时，我们可以利用琐事建立起仪式感。

每天下班后我们可能什么也不想做。想要让疲劳感迅速消退，不妨在饭后主动收拾碗筷、拖地，或者去洗个澡，调动多巴胺。用很短的时间将这些琐事处理完毕之后再坐在电脑前，这时候，你会更容易凝聚注意力，轻松进入创作、工作模式。

仪式感并无好坏之分，关键在于你要找到最合适自己的方式。让好的习惯搭载上更有意义的仪式感，你也能成为一个无比自律的人。

5/ 意志力就像肌肉，
   持续锻炼才能强大

当你有意识地去锻炼你的意志力时，你会变得越来越强大，越来越坚定。

有没有这样的感觉：减肥成功后，一旦复胖，想要重新减肥会变得难上加难；很长一段时间没有吸烟，一旦复吸后，想要戒掉几乎变成不可能的事……

心理学家介绍说，意志力一般用于四个方面：控制思维、控制情感、控制冲动、控制表现。而意志力和肌肉一样遵循着"要么使用，要么消失"这一法则。

当我们为了实现一个目标，坚持不懈地去锻炼自己的意志力时，它就会变得强壮，当我们松懈下来，意志力同时也会变得软弱。这时候，你想要为了同样的目标去锻炼自己的意志力，往往要下更大的力气和决心，实施过程中也会遇到更多挑战。

这是因为，在放弃又重拾的过程中，我们的心理发生了变化。我们在潜意识里埋下了"失败"的种子，它不断冲击我们的意识，让我们行动起来倍觉艰难。哪怕面对的是同一个目标，你得运用比之前更高的意志力水平才能征服它，因为你同时还得面对自己的负面情绪。

简薇花了半年的时间成功减掉了20斤的赘肉，整个人变得轻盈、美丽，精神状态极佳。减肥成功后的她遇到了一段新恋情，从那以后，她沉浸在甜蜜的恋爱里，渐渐放弃了先前每天必做的功课：节食、运动。好景不长，这段恋情因为种种现实原因戛然而止。

简薇被失恋的痛苦打击得晕头转向。为了麻痹自己，她毫无顾忌地放纵口腹之欲，整日除了暴饮暴食就是蒙头大睡，过得颓废至极，不出几个月，她变得比减肥前更胖。这种糟糕的状态持续了很长时间，在朋友们的安慰下，简薇终于决定重新振作起来。她重新设定了一个减肥计划，然而，具体实施过程中，她明显感觉到减肥对于自己而言似乎变得更难了。她没办法控制住食欲，也无法坚持实行锻炼计划，甚至一看到跑步机就心悸、头疼……

为了避免这种情况出现，我们一定要坚持锻炼自己的意志力，任何时刻都不松懈。但锻炼是要讲究方法的，我们要像运动员那样进行科学训练，意志力就会持续增强。反之，过度使用意志力，就会变得身心疲劳。开展训练前，先攻克意志力的两大敌人：

寄希望于未来的自己。很多人认为在不久的将来，自己一定能变得成熟而自律，这让他们的意志力屡屡受到挑战。努力的过程中，产生类似的想法时，一定要坚决告诉自己：此刻若不迈出这一步，永远不可能有未来的自己。不要让虚妄的自信成为当下不自控的理由。

虚假希望综合征。每当我们立誓要做出改变的时候，当下一定会觉得轻松，仿佛自己已经变得焕然一新。紧接而来的却是失落，因为我们会发现改变没有那么容易。

不妨在立誓改变的当下，秉持着悲观的心态，预测自己无法抵抗哪种诱惑，哪种情况下会违背承诺。思考集中注意力、抵抗诱惑的方法，意志力很有可能变得顽强起来。

人做事情时通常处于两种状态中：舒适区之内或舒适区之外。通过一些小的训练，在平常的生活中突破舒适区，才能让意志力这种心理能量得到更多积累和加强。

在锻炼意志力的过程中，不妨采取以下方法：

首先，我们可以尝试用左手做事。

大部分人都是右撇子，不妨改变习惯，用左手去做事。比如，擦桌子、扫地、倒水、开门等。用左手做的时候，你一定会感到很不舒服，这其实是你积蓄自我心理能量的过程。

其次，我们要杜绝说脏话的坏习惯。

很多年轻人喜欢说脏话，尤其是在精神紧张或者过度兴奋的时候，下意识地说上一句，而对自我进行语言上的监控，不失为一种很好的意志力的锻炼方式。你要时刻监督自己，一旦说了脏话就要通过种种手段去惩罚自己。也可请家人朋友去监督自己。

再次，你要遵循定量游戏、娱乐的规则。

每次玩游戏或者刷抖音、看视频前，给自己立下规矩。比如说只玩半小时，用手机设个闹钟，半小时后准时停止。这种定量游戏、娱乐的方法能时不时地缓解我们精神上的压力，还能在让我们在这种不断克制的过程中不断积蓄能量，锻炼意志力。

最后，你最好保持健康饮食和充足睡眠。

在某本书上看到，长期睡眠不足的人会更容易感受到压力，抵抗不住诱惑，也很难控制住情绪，这才明白意志力与饮食和睡眠息息相关。平日，你偶尔也可以吃一点甜点，但一定要保证基本饮食是健康而富有营养的，然后保持早睡早起的习惯。

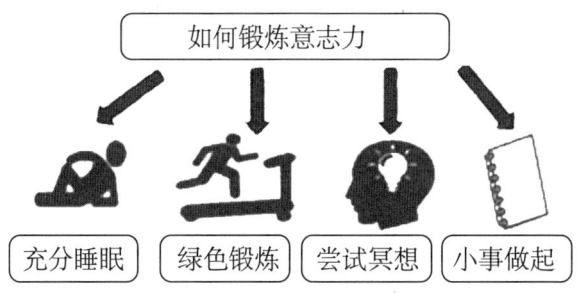

如果你立志减肥，就算已经初步完成目标，也不能放松警惕。一旦发现自己的意志力存在减弱的趋势，就要及时加大训练量，让自己的意志力重新发达起来。

6/ 如何把一件事
不痛苦地坚持到底

靠咬牙坚持、痛苦地调动意志力是无法让你持续专注去做一件事的，你迟早会选择放弃。你得找到最舒服的状态，才能将痛苦变成享受，将无聊变成乐趣。

我们经常将"坚持到底""坚持就是胜利"挂在嘴边。这些话听上去很热血，但当你真正体验过坚持的滋味后就会发现，坚持是那么痛苦，让人难以忍受。很多事情坚持着、坚持着就放弃了，比如坚持写作、坚持早起、坚持每日健身……

仔细回想，你不会要求自己每天坚持吃饭、坚持睡懒觉、坚持刷抖音、坚持打游戏……因为这些事情带给你的都是快乐、愉悦感和享受。如果一件事情需要你咬牙坚持才能完成，等于是在告诉你，这件事本身很痛苦，哪怕你不断承受煎熬、付出努力。

那种痛苦感、付出感折磨着你的脑神经，导致你还未真正着手去做这件事情，精力和耐心却已经被消耗掉了大半。如此一来，你哪里还有多余的精力去坚持？

在真正实施的过程中，我们越是强调依赖意志力去坚持，越是可能半途而废。当你一面向自己强调"要坚持、要坚持"，一面调动全身的意志力去抵抗诱惑的时候，神经一定绷得很紧，这时候，外界发生任何一点风吹草动，你都难以承受。

坚持让你痛苦，是因为你在用坚持这个词去激励自己的时候，潜意识里已经给这件事定了性——这件事很难完成。你的主观意识坚持去做，你的潜意识却条件反射地反对去做，这件事做起来当然不会很顺利。可见，这种做事方法根本无法让你获得成功，只会让你心态失衡，并陷入心力交瘁的疲惫和自哀自怜的状态中无法自拔。

"洋葱阅读法"的创造者彭小六在几年前还只是个普通白领，那时候的他囊中羞涩，连买辆10万块钱的车都只能靠分期付款。如今，随着他个人能力不断得以增强，他的事业也随之蒸蒸日上，光靠着读书、写文就收入百万。

在坚持的道路上，他一度迷茫而痛苦，直到他找到属于自己的、能将痛苦转变成享受的方法——设置边界门槛。比如，当他还是程序员的时候，他曾参加一个城市的自行车运动，这项运动对他而言是项挑战，哪怕中途他感觉很累，也不可能随意放弃，因为只要他没跟上大部队，所有人都在等着他。而且，车子是自己的，就算推，他也得将车子推回去。

在提升自我的过程中，很多事情都是他靠着设置边界门槛的方式才坚持下来。比如，他创建了梦想早读会，每天为大家分享阅读精华，为了做好早读会，他每天 6 点起床。这时候，坚持变成了一件不那么痛苦的事情，反而为他带来很多成就感。

想要将痛苦变成享受，就不要去强调坚持，而要找到享受的感觉，将自己的主意识和潜意识调整到同一个频道上。可参考如下方法：

首先，赋予坚持不一样的意义。

不要为了坚持而坚持，不妨为自己要做的事赋予更高的意义。比如你写作并不是为了坚持才去做的，你要么是为了表达自己，要么是为了挣外快，要么是为了成名。用这些理由来说服自己，而不用向自己反复强调"坚持就是胜利"。

其次，我们可以采取目标减半法。

拿背单词来说，很多人将目标定得过高，一天要求自己背 200 个单词，这样一来，放弃便也成了家常便饭。有的人会因此对背单词这类"庞大工程"产生恐惧，并进一步产生畏难情绪，慢慢养成懒惰的习惯，这是得不偿失的。其实，在真正实施的过程中，你将目标定得高一点也无所谓，可一旦坚持不下去，就得立马将目标减半。

一天背不了 200 个单词，那就背 100 个；背不了 100 个，就背 50 个。以此类推，你总能找到最适合自己完成的目标。哪怕你一天只背五六个单词，只要坚持下去也能产生质变，而且，你真正背的时候是很轻松和享受的。等到你状态好了，再一点点增加目标。

另外，我们不妨尝试着时不时地打破常规。

如果坚持做一件事让你觉得很无聊，不妨尝试着去打破常规，从这件事中找到些别样的乐趣。这样才能强化你前行的倾向。拿跑步来说，有的人认为跑步就是沿着一条线从起点跑到终点，中途保持匀速，按部就班地跑。

其实，可以尝试着去加入新的流程，以此打破常规。比如，可以试着调整跑步的速度；试试快速跑或者间歇跑、长距离跑；或者放弃大路，从公园小路绕过去等。

做任何一件事情，坚持一时不难，难的是坚持到底。想要将一件事不痛苦地坚持到底，我们可以赋予坚持更高的意义。

PART

09

拒绝拖延，
在行动中增长智慧

1/ 你的问题是想得太多，
  做得太少

想要走出"想得多做得少"的怪圈，就一定要将行动与思考结合起来，尽快行动，并在行动过程中实施迭代优化。必要的时候，甚至要屏蔽繁杂的思绪，直接行动。

梅尔·罗宾斯在成为畅销书作家之前，是一位做事拖拉、习惯打鸡血行动力却为零的家庭主妇。她脑子里想法很多，却很少见她真正付出行动，她的生活因此变得一团乱麻。

41岁时，梅尔的人生糟糕到了极点，她没有事业，婚姻也亮起红灯，家庭濒临破产的边缘。为了逃避生活，她整日赖在床上。

有一天，梅尔偶然在电视上看到火箭发射的广告。随着屏幕倒数"5、4、3、2、1"，火箭一飞冲天。梅尔突发奇想，默默在心里倒数起来，随后她急速从床上弹起。从那天起，无论梅尔想要去做任何事情，都先会在心里默默来一场"5秒倒数"，然后立即投入行动之中。

相信很多人都有过类似的经历：在脑海里想得天花乱坠，嘴上也说得头头是道，可到了真正付诸行动的时候，却懒得做、不想做、不知如何去做。

想得太多、做得太少，归根结底是拖延症在作祟，之所以会拖延，可能是因为我们根本没有认识到这件事的重要性。比如，对于职场新人来说，他们对未来有很多幻想，为了提升自己的能力，他们做过很多规划。问题是，他们的一切想法、计划都停留在脑海中或者口头上，却极少付诸行动，只因大部分人都没有意识到职场上升期短暂而宝贵，机会稍纵即逝。如果有人提前告诉你，如果你没有在两年内熟练掌握专业技能，到了第 3 年就会被新人所取代，这种紧迫感一定会逼着你从此刻开始行动起来。

那些因为想得太多而拖延的人，还可能是患了"决策困难症"。比如，毕业求职的时候，有的人不知道该选择哪个行业、哪家公司，如果同时得到两个 Offer（录用意向书），他们更是头疼不已。像这样患有决策困难症的人通常喜欢在几个选择间左右摇摆，还没开始做，便在脑海中预设诸多困难、挫折。反复纠结与思虑，只会导致时间和机会白白流失。

正常人做决策的过程是这样的：从多方渠道收集信息—思考—做出选择—执行决定。但选择困难的人决策过程却是这样的：从多方渠道收集信息—思考—犹豫不决—收集更多的信息—思虑更多—越发犹豫不决。只因行动意味着变化，出于对变化不确定性的担忧，他们将所有规划停留在纸面，宁愿拖延，也不行动。

为了让自己快速行动起来，首先，你要相信自己的直觉。

著名作家马尔科姆·格拉德威尔曾提出一个观点：那些经过繁杂周密思考做出的判断，产生的效果远远比不上依赖直觉做出的判断。当你陷入思考，不知道如何去做的时候，不妨相信自己的直觉，捕捉你脑海中闪现的第一个想法，并立马采取行动。

其次，你可以有意识地去缩短最后期限的时间。

很多时候，因为做一件事情的时间比较宽裕，你便有了胡思乱想的余地。为了过滤这些无用的思绪，不妨人为缩短最后期限的时间，让自己来不及思考，只能立马行动。比如，你需要花一个星期时间去写完一篇文章，不妨将写作时间压缩在一天内，在时间如此紧迫的情况下，你焦头烂额地忙着查找资料、动笔撰写，根本顾不上胡思乱想了。

2/ 最大的错误是害怕犯错

太多人因为害怕犯错而止步不前，殊不知，唯有在错误中不断地自我反省，总结经验，才能成长为命运的强者。

《财务自由之路》一书中有这样一句话："我们似乎都是在被教育着不要犯错下长大的，因此很多时候因为害怕犯错而不敢去行动，不做就不会错。"

因为害怕犯错而不去行动的人通常有着这样的逻辑：

一个人做的事情能够直观体现出他的能力；

一个人的价值由能力体现，能力越强，个人价值就越高；

一个人做的事情能体现他的个人价值。

这就形成了一个等式：自我价值感＝能力＝表现。而拖延的出现，则打破了这种平衡，造成了一种"自我价值感＝能力≠表现"的假象。

从这点来说，人们之所以拖延，恐怕是因为害怕拼尽全力也只获得一个差强人意的结局，为了应付这种恐惧，干脆原地驻扎。就好比我们身边那些严重的拖延症患者，表面上云淡风轻，做任何事都拖拖拉拉，表现出对第一名毫无兴趣的样子，事实果真如此吗？

其实，很多人百般压抑对成功的欲望，无非是因为内心对失败恐惧到了极点。为了不显现出真实的自己，他们往往会秉持这样的论调："我无所谓啊。""有什么可拼的？"

面对不那么圆满的结果，拖延又成了他们的借口，"谁让我一边玩一边工作呢""真正投入在这项工作的时间不过一天，时间太赶了"。他们宁愿别人责备自己懒癌入骨、无药可救，也不愿意承受那种哪怕拼尽所有依旧无法做到最好所带来的无能感。

有时候他们还会沾沾自喜，"想不到这份仓促赶出来的方案居然还能交差，我也蛮厉害的嘛"。这让他们相信，自己实际上具备极其出色的潜能，一旦认真做，未来不可限量。殊不知，正是这种思维阻碍了他们的成长。

无论你拥有怎样的身份，都可能因为某种未知的、难以解释的恐惧，将要做的事情无限期拖延下去。但是，一旦你的恐惧被确认，拖延问题却会自动消失。可参考以下方法：

首先，回想你害怕的根源是什么。

很多人害怕做一件事，是因为这件事会让他们联想起过往的失败经历。为了帮助自己克服这种害怕犯错的心理，你一定要了解自己恐惧的源头。很多人亲身试验过后发现，当恐惧被写在纸上的时候，它仿佛失去了力量。不妨仔细回忆你害怕的根源，用文字的方式记录下来，分析自己上次犯错的原因，总结方法，撰写经验感悟并为自己加油打气。

其次，我们要从批评中汲取有效信息。

赵沁参加工作后，曾被其他编辑责骂文笔幼稚，逻辑颠三倒四。她将这些批评一概收下，无地自容的同时积极学习结构化写作，不出几年，她的文章越写越漂亮。

批评纵然是他人对我们的一种评价，但同时也是一种信息，我们要学会从这些信息中提取能量，以优化自身技能，获得成长。

最后，你要及时地进行自我修正。

行动的过程中，我们逐渐会发现自己很难做到完美。很多人痛惜之前所付出的心血，抱着旧观念、旧方法不肯做出改变，这其实就陷入了"沉没成本"的误区之中。实际上，你不只要第一时间展开行动，还要在关键的时候果断地进行自我修正。

凯瑟琳·舒尔茨在《犯错的价值》中说："犯错，是我们人生之所以精彩的原因。"事实上，从没犯过错误的人可能一事无成，你要勇敢地付出行动，在接二连三的错误中收获一个更完美的自己。

3/ *行动!*
现在就是最好的时机

———————

你要克服"过度准备"的惯性，现在就行动起来，把未完成的事情完成。记住，行动最好的时机永远是现在。

大部分人都缺少向前一步的自觉性，即扭转"未完成"的做事习惯，向前一步，养成"已完成"的做事习惯。只因我们永远在准备、在等待，要么停留在原地不肯向前进，要么不断后退不肯迈出新步伐。做好准备再去行动听起来很正确，但很多时候，我们可能永远也无法做好万全的准备。总有我们顾及不到的问题，总有我们未能完全搜集齐全的材料和信息，若一直停留在准备的状态中，我们的思维会变得越来越僵化。

一件看上去很难的事情，只要你即刻投入到行动中去，它就会变得越来越容易。但对于很多人来说，且不说那些烦琐的工作，就算是生活中一些微不足道的小事，他们也拖着不愿去解决。他们总会为自己的懒惰及内心的侥幸等找各种各样的借口去推脱，在投入行动之前为自己制造出重重阻碍，想要冲破这些心理上的阻碍，往往比行动本身还要艰难。

如果你在等待一个最合适的时机，请思索这个问题：你可以容许自己等待多久呢？要知道，等待是需要你持续不断地付出时间成本的。

很多情况下，就在你翘首以盼、等待好时机的时候，别人早已在真正实践的过程中积累下不少经验了。再者，当一个好时机出现时，你敢自信地说自己一定有能力甄别并牢牢抓住吗？如果你对此并不肯定的话，倒不如第一时间行动起来。

尤其需要注意的是，很多人制定完计划后，心理上立马会产生一种满足感，仿佛不用自己真正付出行动，事情也能自动完成。为了避免这种情况，我们在制定完计划的下一步，就要针对计划展开行动，而不要沉溺于幻想中沾沾自喜。具体可参考以下建议：

首先，记住一个原则，即能处理的小事马上处理。

我们拖延着迟迟不愿意行动，可能是被眼前的小困难阻碍了脚步。对于那些分分钟可以解决的小事，搬出种种借口去拖延只能加重你的心理负担，不如立马处理这些小事，让自己顺利进入工作状态。比如写文章的时候，很多人因为不知道如何写出一个新颖的开头，便迟迟不愿动笔去写。如果你也面临着这样的问题，不用想那么多，先写再说，打开思路后灵感自然会纷纷涌现。

其次，我们可以采用图层工作法。

为了减少不同类型、不同性质的工作间的损耗，我们最好对手头的工作进行分层处理。比如，你需要用 Word 写一份报告，还要做一份 PPT，通常的做法是先做完一份工作，再去做另一份工作。不妨转变思路，将 Word 任务分解成搜集资料、组稿、作图、排版四个部分，再按照相同的思路将 PPT 分解成四部分，然后将相同认知类型的工作整理、组合在一起。这种方法能帮助你提升工作的效率，降低你行动的难度。

再次，我们可以随时随地记录灵感。

对于那些从事艺术设计、产品研发及创新等工作的人来说，平日里随时记录灵感，就是在为工作做准备。一旦关键任务来临的时候，他们能第一时间投入到工作中去，而不用在翻阅资料、整理思绪等环节上耗费太多精力。

你可以借鉴这样的方法：随身携带纸笔或用手机去记录灵感，让自己处于时刻准备的状态中，而不用临时去准备，然后无限期拖延时间而不愿意行动。

唯有即刻行动才能赢来人生的转折点。而在行动过程中，最好多多关注那些超出我们预期的意外现象，做好总结与反思。

4/ 在无趣的背后挖掘乐趣

你要学会掌控你的大脑，通过种种方法去消解自己工作前的紧张情绪，并尝试着给单调无趣的工作添加一些乐趣。

每个人所从事的工作都深深地影响着他们的一生。如果我们能从工作中挖掘出无限的乐趣，那么整个人生都是充实而快乐的。事实上，面对工作，很多人却抱着拖延的心理。

容易导致拖延的事情包含以下特征：

任务单调、无趣，带不来任何情绪上的刺激；

所从事的任务常常会让你陷入失落、沮丧等消极情绪中；

任务目标模糊或者没有明确的指标；

缺乏内在或者外在的奖励，无法调动起你的热情。

如果你正从事的工作具备上述一种或多种特征，你一定会沉溺在拖延的状态中，迟迟不愿意行动。尤其当这份工作带给你的只有枯燥与无趣时，你更会变得疲倦不堪，执行力大打折扣。实际上，单纯的劳心工作并不是令你产生疲倦的主因。

英国著名精神病理学家哈特·菲尔德指出："大部分疲劳源于精神因素，真正的生理疲劳很少发生。"回想一下，你在开展一项工作前是不是也紧紧皱着眉，浑身肌肉紧绷，并且感到莫名烦躁、焦虑、不安？这份枯燥无趣的工作令你打心眼儿里抗拒，所以你迟迟进入不了状态。很多人情绪过分紧张时，反而会令自己的工作效率大大降低，并将自己推向拖延的边缘。

当他们将工作推至一旁，如往常一样打开抖音、朋友圈时，身心都会沐浴在一种欢愉感中。可是，这种欢快的感觉稍纵即逝，拖延最终带给他们的只有无穷的懊悔与沮丧。

松下幸之助说："真正的幸福就是能找到工作的兴趣而快乐地工作。"我们可以参考以下方法去挖掘工作的乐趣：

首先，让身体像旧手套一样松弛。

消解精神疲劳的第一步是放松。不妨在自己的办公桌上放一只旧手套，一边观察它松软地躺在桌子上的样子，一边尝试着放松身体。舒展眉头、放松脊背肌肉，每次展开工作前，都要逐一放松身体肌肉。你也可以养一只猫，观察它晒太阳时懒洋洋的样子。如果我们在工作前或执行过程中都抱着如此放松、乐观的心态，行动力一定会得到质的提升。

其次，你可以尝试和自己竞赛。

何艳每个月都要做很多报表，这份工作一度折磨得她痛不欲生。

为了提高自己的工作热情，她干脆和自己展开了一场竞赛。每天早上，她先计划好当天要做的报表，然后噼里啪啦地敲起了键盘，争取超额完成任务。第二天，她又想办法打破前一天的纪录。

很快，她的工作效率超过了所有同事，并受到了部门经理的大力赞赏。这让何艳激动无比，工作对她而言变成了一件颇有挑战性而又充满乐趣的事。

再次，你还可以假装喜欢这份工作。

心理学家研究发现，心态的转变能产生巨大的力量。或许你所要接触的工作内容中，大部分都是琐碎无味的，但是你完全可以给自己一种积极的心理暗示："我很喜欢这份工作""它其实很有趣"。你越是乐观、积极，行动起来就越轻松、顺畅。

如果我们学会了用更有趣的方式去做一件事，并享受做这件事所带来的一切快乐、满足与成就感，拖延症就会不治而愈。同时，我们的工作效率也会得以提升。

5/ 不断训练解决问题的能力

最重要的工作技能，莫过于解决问题的能力，遇到问题时拖延、回避，都会拉低我们的职业素养。

我们经常会有这样的感觉：别人能轻而易举解决的问题，我也能。事实是，这还真不一定。成长就是一个不断面临问题、解决问题的过程，但是大部分人都缺少解决问题的能力。很多人用拖延和逃避去解决问题，却使得一个问题演变成两个问题，甚至牵扯出之后一连串的问题，最终导致无可挽回的结局。

我们解决问题的能力为什么这么差？原因在于，大部分人缺乏洞悉问题的思维，所以总是混淆问题与现象的区别。比如，某家公司的离职率明显上升，HR 认为只有提高人员工资，才能解决这一问题，然而这并不是离职率上升的本质原因。

想要降低员工离职率，必须要抽丝剥茧、层层分析问题发生的源头在哪里。是公司内部原因，还是外部环境出了问题？如果问题出在公司内部，是不是因为企业文化不够聚焦又或者是薪资结构不合理？想要一劳永逸地解决问题，就必须要追溯到问题的源头。

孙圈圈在《请停止无效努力》这本书中提到一个案例，她曾接手一个咨询项目，起先一切都很顺利，谁料后期整个项目却卡在一位关键决策人物身上。

孙圈圈以为问题出在自己和团队身上，于是她领着团队人员废寝忘食地收集资料、修改方案，谁料方案总是通过不了。后来，她才了解到，问题的源头并非如此。原来，对方团队的负责人是空降过来的管理人员，大家对他都很不信任。这位负责人目前的核心问题是，如何获得同事及下属的信任及认可。孙圈圈立马带领团队为他量身打造了另外一个方案，帮助他彻底解决了这个问题。于是，这个咨询项目顺利完成了。

我们解决问题的能力差，还在于我们总是混淆问题与目标的区别，缺乏目标导向思维。举个例子，领导交给某员工一项任务，让他将一份材料送到政府相关部门。几天后，领导偶尔想起这件事，便向这位员工询问情况，谁料他犹豫着说，材料还在自己手上。见领导皱起眉，脸色很不好的样子，他赶紧解释说，那天送材料的时候负责人不在，所以他又拿回来了。

该员工便分不清问题与目标的区别。在他看来，将材料交给指定负责人是此行的目标，实际上，真正的目标是"在截止时间到来前将材料送到相关部门"。缺乏目标导向思维，只会令我们陷入"做得越多、错得越多"的旋涡中去。

其次，解决问题的能力包括三个部分：预见力、决策力、执行力。具体可参考以下方法：

首先，我们可采取演绎推理法。

比如，某家互联网公司的运营主管发现运营团队人手不够，且大部分成员技能不够专业。运营主管通过分析，发现核心问题在于招聘不到专业人才，想要解决问题，就必须提醒人力资源部门加大招聘力度。通过进一步分析，运营主管提出另一个可能性，即市场上的人才本身处于供应不足的状态，这种情况下，哪怕将岗位薪资提高一倍都是没用的。想要彻底解决这个问题，不妨和其他公司展开战略合作，收购对方的部分股份。

对问题进行抽丝剥茧的分析、演绎和推演，能看清问题的因果关系，拟出最优解决方案。

其次，我们可以尝试着去归纳推理，学会举一反三。

很多问题表面上看起来很不一样，其实都是相通的，我们要懂得"迁移"。尤其是在进入新领域、遇到新问题的时候，精英们总能通过归纳推理、举一反三的方法来抓住事物的本质规律，从而将旧经验与新问题快速连接到一起。

为了锻炼自己，平时实践的过程中，我们每积累一项技能都要仔细想想它可以被运用到哪些方面，每解决一个问题也要思索一番：这个问题的解决方式能不能运用到别的问题上。

再次，我们可以采取折中方案。

遇到难缠的问题时，如果实在找不到最优方案，不妨采用折中方案。比如，某公司计划举办团建活动，两个部门的员工给出了不同的方案。因为互相说服不了对方，他们闹得不可开交，活动也因此一再延期。最后经理整合两方意见，采取了折中方案，才一举解决问题。

最后，我们可以改变目标或条件，以此来消除问题。

这种解决方式在生活中并不少见。比如，我们决定出门跑步，但户外突然起了大雾，此时不妨设想一个替代方案：去跑步机上慢跑一小时或去游泳馆游游泳等。

我们完全可以将这一类思维运用到工作中去，举个例子，某公司质检员发现一批产品质检不过关，经过试验，他发现产品存在的问题并不影响其使用性能，于是他向公司建议采取"让步接收"的形式解决问题。

问题出现了，就得第一时间解决。千万不要拖到问题发酵，避无可避的时候再去行动。要知道，职场中一个人最大的价值莫过于解决问题的能力。

6/ 比起行动懒惰，
更可怕的是思维上的懒惰

如果我们的思维没有先于行动，逃避去思考诸多现实问题，结果只会是一无所成。

《谁动了你的能力》一书中指出：行为的懒惰充其量就是个懒人，思想和思维的懒惰者，却会成为不折不扣的庸人、废人。那些爱拖延的人，或者在同一件事情上犯两次以上错误的人，都是典型的思维懒惰。

思维懒惰的人不愿意将一件事情想透彻，他们往往凭着感觉做事，或者轻信于未经证实的信息，并对逻辑关系中那些互相矛盾的部分视而不见，最终导致自己做出错误的行动。要知道，行动之前的准备工作至少包括：从多方面收集并验证信息，进行逻辑缜密的思考，梳理脉络，推敲逻辑关系等步骤。稍微疏忽了哪个环节，都会导致结局不尽如人意。

思维懒惰的人一般缺乏独立思考能力，却过于相信惯性的力量。经济学上有个名词叫作"路径依赖"，指的是人们一旦作了某个选择，就好比走上了一条不归路。

比如，思维惯性令我们过度依赖成功路径，这在相当程度上影响了我们现在或未来的大部分选择。每逢遇到问题时，我们当下的反应一定是仿效他人的成功做法或者照搬以往的做法，一旦没有先例或者没有成功案例可以借鉴时，我们往往会表现得束手无策。

日剧《人100%靠外表》的女主角城之内纯是理工科出身，她平日很不注重打扮，每天都是一副灰头土脸的样子。后来她被公司分配到化妆品研发部工作，与身边一群漂亮的同龄女孩相比，城之内纯显得很是格格不入。

新年酒会上，因为打扮得太过老土，她不得不承受着众人异样的眼光和嘲笑。城之内纯羞愤不已，她大脑一热，向上司递上了一封辞职信。

四处求职的过程中，城之内纯对自己的外貌感到越来越不自信，这种心态极大地影响到了她面试时的发挥，处处碰壁的她不得不停下脚步，静静思索起自己目前的处境。

一番思索后，城之内纯决定正视现实，她积极研究起穿衣搭配的技巧和时下流行的化妆术。虽然直到最后，她并未实现完美逆袭，但她整个人的精神面貌却焕然一新。

思维懒惰的人对于自身的知识漏洞处于睁一只眼闭一只眼的状态，遇到不懂的问题，常常自欺欺人地想蒙混过关。他们懒得去探究问题发生的源头，也懒得对问题设立防范机制，与其说他们丧失了好奇心，倒不如说他们就是不求上进。不妨按照以下方法去提升自己：

首先，行动之前，梳理出一份"工作指引"。

叶超接手一份新工作时，一般不会急着去处理，他会先给自己留出一段时间去梳理思路。这份工作的内容是什么？流程是什么？要额外注意哪些方面？有没有特殊要求？需要担负起哪些职责？顺着这个思路，他慢慢梳理出一份"工作指引"，这份工作指引起着说明书的作用，而且它逻辑清晰，重点突出，就算是经验不够丰富的人也能迅速上手。可见，工作之前先梳理出工作指引，能节省实际行动过程中重复损耗的时间和精力。

其次，我们可以利用"沙盘演练"实现深度思考。

很多人喜欢凭着感觉去做选择、作决策。哪怕他们实施的过程中行动力十足，结局却不尽如人意，皆因行动上的勤奋永远弥补不了思维上的懒惰。其实，做任何选择前，我们都可以利用"沙盘推演"等思维工具来帮助自己进行深度思考。

比如，你和朋友们打算去创业，在这之前，不妨和朋友们一起，先模拟组建公司，注册公司名称、组建管理团队等。你们可以定期召开经营会议，商讨各项经营计划，分析经营环境，制定竞争策略。完成整个流程后，再进行复盘，总结经验。

再次，我们可以根据"金字塔原理"进行演绎思考。

美国作者芭芭拉·明托的著作《金字塔原理》中提出，人类能一次性记住、理解的项目最多只有 7 个。比如，你在演讲过程中不断抛出论据，是很难被听众所理解的，不妨将多于 7 个的论据按照演绎推理和归纳推理等方法组合成几组，再逐一进行阐述。

人的思考过程通常是自下而上的，这种思维惯性令我们做起事来总是毫无条理、缺乏规划。不妨利用"金字塔原理"来颠倒思考的过程，先提出观点，然后通过演绎法和归纳法去寻找论据，搜集到了足够的论据后，你接下来做出的选择一定会更理智、更符合现实。

生活中，很多人都在扮演着思维懒惰的"勤奋者"的角色，可是，唯有克服思维上的懒惰，我们才能拥有杰出的行动力和执行力。

10

终身成长，
资质平平也能逆袭未来

1/ 这个时代，
正在悄悄犒赏那些终身学习的人

社会环境瞬息万变，个人唯有持续不断地学习，充实自己，才能契合社会发展的需求，并始终立于不败之地。

离开大学校园后的两三年内，我们之前在学校里学习到的知识一半以上都会被淘汰。我们唯有孜孜不倦地去学习更多知识和技能，才能胜任当前的工作，让自己成为别人眼中的人才。

而在这个知识爆炸的时代，三五天内放弃学习可能还看不出什么，但持续三五个月不学习，你就和别人产生了一定的差距；三五年不学习，你恐怕已经到了被淘汰的边缘。

坚持终身学习，只因它是个人发展的前提和基石。职场奋斗历程中，随着时间推移，你会对自己的优势和缺陷认识得越来越清晰、深刻。想要避免知识和能力上的不足所带来的个人发展的局限，就要针对性地去补充知识、增长见识并不断去实践。

只要你保持着学习的良好习惯，一定会为自己的发展带来正面影响。比如提升学历、获得更高层次的文凭、拿到相关专业证书等，这些都是你职场晋升的敲门砖。

更何况，除了实用性之外，学习本身其乐无穷，它超越任何感官的体验，能让我们获得心灵上的满足。比如，在与他人交谈过程中，你若能对时下流行的新概念、新知识侃侃而谈，立马会让你信心倍增。当你花费很多时间和精力去查阅资料，终于弄懂了一道晦涩的难题时，内心一定欣慰无比。真正体验到学习乐趣的人，非但不会对学习感觉到厌倦，反而会不断寻求突破。如果你想追求人生最大的快乐，就一定要培养自己深度学习的习惯。

学习过程中，我们要找到更好的平台与工具，定期反思和评估自己的进步。可参考以下建议：

首先，课堂学习是最直接有效的途径。

各种形式的课堂学习有着这样的好处：全程有专业老师的指导，能避免很多方向上的错误；通过后能获得专业证书；课程设计较为系统和科学，各种课程间联系紧密，能培养你的全局观；阶段性的考试能测验你的学习进度及知识的掌握程度；课后作业能巩固课堂所学知识；和同学一起上课，能提高你的学习积极性，课后还能和同学一起讨论、交流经验。

最常见的课堂学习莫过于学历进修，比如攻读在职研究生、在职博士、工程硕士、MBA 等。课堂学习的方式还包括各种形式的培训，一类针对行业知识和技能，比如 PS、Excel、PPT 等；一类针对"软技能"，比如人际沟通、演讲、企业管理、领导力等。

其次，我们可以通过网络课程等方式去自学。

国内各大高校都有免费的网上课程，我们完全可以通过业余时间去自学。而包括斯坦福、哈佛、牛津、剑桥等国外名校的相关课程，用心搜索，也能找到汉化的版本。

一些公开免费课程平台及应用软件也是我们学习的好帮手，比如网易公开课、可汗课堂、TED 演讲是美国的一家私有非营利机构，该机构以它组织的 TED 大会著称，这个会议的宗旨是"传播一切值得传播的创意"。等。另一些优质付费平台也能让我们获益良多。

合适的自学工具能带给我们更好的学习体验。拿 iPad 来说，它除了自带读书工具外，我们还可以用它来观看教育节目、收听广播等。Kindle 连接亚马逊的图书馆，也是一个很好的自学工具，你所想要阅读的书籍一般都能在 Kindle 上找到，阅读时还能随时做笔记。

再次，我们要时刻不忘向优秀的人学习。

无论你身处哪些行业，一定要想办法靠近那些行业精英，同行之间有着相同的知识背景，这能令你更顺畅地吸收、理解别人的先进经验。你还可以向其他行业的优秀人士学习，随着你接触的新鲜事物越多，你的眼界和格局会变得越来越开阔。

查理·芒格曾在一场著名演讲上与现场观众分享了自己的人生经验与态度。他强调说："坚持终身学习，如果不终身学习，你将不会取得很高的成就，光靠已有的知识，在生活中走不了多远。"

2/ 提升适应力，
快速融入新环境

———————————

任何人离开熟悉的环境，来到新环境都需要一段适应的时间。努力去提升适应力，快速融入新环境，能让我们的人生变得更顺利。

不同的人有不同的适应能力，在与新环境磨合期间所花费的时间和精力也是不同的。但哪怕适应能力很强的人，也必须要经过一段适应期，这首先是由我们的大脑机制决定的。

我们的大脑为了应对未来危机，会提前构建一整套保护措施。当我们来到新环境时，因为诸多不确定与不了解，大脑对周遭危机的预估能力骤然下降，并因此响起警钟。这进一步刺激到了大脑的边缘系统，随之产生应激反应：紧张感和戒备感。如果不及时干预大脑的应激反应，任由其持续发生作用，只会令我们的身心健康出现问题。

对新环境产生恐慌的原因，还在于我们减压方式的改变。试着回想，每次你心情不好的时候会去做些什么？你可能和朋友去熟悉的餐馆饱餐一顿，可能去公司旁边的公园里散步等。你早已适应了这套减压模式，每当负面情绪袭来，便下意识地调换模式去应对。可到了危机重重的新环境里，老一套方法失去了作用，你的精神也失去了依托。

除此之外，拥有特定人格的人，在面对新环境时各有各的不适感。比如，拥有外向人格的人，一旦来到较为安静、封闭、人口密度低的新环境，可能陷入深深的负面情绪里，因为他们无法像以前一样和更多人沟通、交流，也无法交到亲密的朋友。生性较为内向的人一旦来到开放热情、人口密度高、人与人之间边界感不明显的新环境，可能因为不擅社交而变得越发内向，甚至产生孤独感和缺失感。

高磊大学毕业后争取到了去国外留学的机会，没想到此行困难重重。虽然他的英文听说读写能力没什么太大问题，但他用英文听课及思考问题的速度，显然跟不上老师讲解的节奏，这让他倍感压力。最让他不适应的地方是在课外，周围的同学性格都很活泼，且兴趣广泛，堪称能文能武。但高磊从小性格内敛，虽然学习成绩好，但在课外兴趣和爱好方面几乎是空白。他不知道该如何和别人打交道，更不知该如何融入群体，心理上极度压抑。

国外的饮食习惯、生活节奏都让他很不适应。他整日将自己关在房间里，只顾着和以前的朋友聊天，却拒绝和现在所处环境中的其他人交流。在心理压力越来越大的情况下，他开始拒绝去学校上课，拒绝集体活动，最终被学校做出休学处理。

心理学上，有一种抑郁心理是由搬迁导致的，它的表现包括失眠、身心疲乏、精神空虚、对周遭的事情缺乏兴趣、宅在自己的房间不愿离开等。可采取以下方法去克服：

首先，我们要提前熟悉新环境。

比如，若你决定去美国留学，先注册一个 Whats App 账户，提前熟悉美国的社交网络的环境。除此外，还要先熟悉美国的货币系统，了解其公共交通规则和出行方式等方面的情况。出发之前，最好对美国的社会环境有基本的认识，做好心理铺垫。

如果你身处国内，只是想换一个读书环境或者工作环境，不妨找到熟悉这个环境的人，让他带着你去实地考察一番。如果新环境里没有自己认识的人，或者不方便实地考察，还可以在网上搜寻相关资料，包括图文介绍、短视频、网友评价等，通过这些途径去加深认识、减少陌生感。

其次，我们可以将爱好、擅长的事作为切入点。

利用你的兴趣爱好或者较为擅长的事来扩展对新环境的认知，容易让你获得心理上的满足感和成就感。你制造的愉快回忆越多，你对新环境的认同感就越多。

比如，如果你擅长写作，不妨通过豆瓣同城小组寻找志同道合的朋友，定期在线上线下展开交流。如果你擅长打篮球，就想办法加入一个篮球小社群，每周组织、参加一次篮球比赛。

再次，我们可以请熟悉环境的人或其他热心人帮忙"搭台子"介绍。

尤其是在加入新公司的时候，为了避免手足无措的情况，你可以请领导帮忙牵线搭桥，去认识更多的新同事。你也可以尝试着去结识部门里的活跃角色，一旦和他们熟悉起来，你就能借此打听到很多公司里的新闻，这能帮助你全面、深入地认识公司。

随着社会发展日新月异，人们生活和工作的方式不断发生变迁，越来越多的人选择离开旧平台迎接新平台，离开老家闭塞的小县城来到一线大城市，甚至选择留学、移民等。如果我们必须接受来自新环境的重重挑战，就一定要通过各种方法去提升自己的适应能力。

3/ 拓展社交圈，
不只在熟悉的圈子里混

如果我们老是接触同一群人，成长一定是有限的。如果我们不努力扩大自己的交际圈，不去积极尝试接触新鲜事物，将永远只停留在低层次上。

斯坦斯研究中心的一份调查报告指出，一个人赚的钱，源于关系的占据 87.5%，源于知识的却只有 12.5%。面对个别人的才称为关系，所谓的圈子是关系的升级与扩大化。

究竟是什么决定了我们的社交圈层次？科学家分析说，我们的社交圈一般由血缘关系和朋友关系共同构成，血缘关系不能选择，但朋友关系却可以选择。

人类学家邓巴曾提出"友情六维度"，包括共同的语言、相近的出生地、相似的教育背景、相同的兴趣爱好、相似的政治观点及世界观、一脉相承的幽默感。邓巴坦言，一个群体中，两个人拥有的友情维度越高，越能结成亲密的友谊。

可见，是相同的出身背景、兴趣爱好、道德观念等促进了人与人之间的关系，当我们与另一些人"同频共振"的时候，我们的关系会变得越发亲密。

邓巴同时强调，决定心智认知能力的是大脑容量，那些心智认知度数高的人，往往能力强，同时拥有很高的社会地位，社交圈范围广阔。

而从心理学的角度来说，作为某个群体中的一员，你的思维方式、意识与行动很难脱离群体。总而言之，你的选择足以决定你的朋友圈层次，而你的朋友圈层次又限制了你的生活品质，如果你想脱离目前的阶层，改变自己的生活，先去扩展你的朋友圈。

桑德伯格说，她在参加某场会议时，发现一位普通职员在会议结束后匆匆走向会议厅，并大着胆子向一位名望很高的高层人员征求建议。在桑德伯格看来，那位普通职员的勇气是值得嘉许的，因为"接受建议后，潜在的被指导者可以借表达谢意的机会请求更多的指导"，依靠这样的方式，这位职员完全可能积累下更具分量的人脉。

桑德伯格一直以来都在鼓励女性要"向前一步"，不要局限于目前的生活层次。桑德伯格本人亦广泛交友，而这对于她的事业助益颇大。她先是跟着导师萨默斯去白宫工作，担任重要职位，后来又成为谷歌女高管，之后她更被好友扎克伯格邀请，成为 Facebook 的"铁娘子"……

记住这个公式：你的"可交换价值"＝你的"价值"×你的"可交换系数"。想要扩大自己的社交圈，就要建立起自身价值、放大自己的交换系数。具体可借鉴以下方法：

首先，我们要拥有一项或几项能被别人"利用"的技能。

想要和更高价值的人脉相交、相处，意味着你必须具备一定的价值与能力，并确保这些能力都是对方所需要的。比如，对方需要擅长做 PPT、做策划及营销方面的专业人才，就努力去修炼这方面的能力，必要的时候主动去帮助他们。

其次，你要找到能带你进入更高层次社交圈的"人脉枢纽"。

所谓的高价值人脉，指的就是比你的能力和资源更强、更多的朋友。也许你的财富、地位暂时无法与他们匹敌，但他们看中的其实是你的价值。对于普通人来说，一定要找到关键的"人脉枢纽"，后者能带你进入更高层次的社交圈，令你的眼界、格局越发开阔。

再次，我们可以通过线上沟通软件及线下的社交活动结识人才。

线上沟通软件包括百度贴吧、豆瓣小组、知乎等；线下社交活动包括电影沙龙、骑行活动、校友会、桌游 party 等。把握线上线下两个渠道，双管齐下，去认识各行各业的人才。

靠着朋友的帮助，我们才能成功；吸引了别人的成功经验，我们才能实现自我的成长。你想要变成什么样的人，就同什么样的人交往。不要总在熟悉的圈子里混，你要尝试着去结交不同行业的朋友，想方设法地扩大自己朋友圈的范围及层级。

4/ 永远不要拿年龄
作为你将就的借口

———————

不要因为年龄而畏首畏尾。有了好的机会，一定要牢牢抓住；有了好的想法，第一时间去尝试。

"我要是再年轻几岁，早就和你一起去创业了""你以为我跟你一样年轻吗？我不像你，我可不敢去大城市闯荡""你都多大了，还这么好高骛远"……年龄，被太多人拿来当作羁绊自我脚步的借口。心理学家分析说，喜欢拿年龄当作借口，其实是一种对现实的逃避。

随着年龄的增长，我们必须撑起家庭的重担，生活压力日益繁重，每个人肩头都背负着重重责任，很多心理脆弱的人往往会在这时候陷入幻想之中。有的人幻想自己能远离错综复杂的人际关系，回到无忧无虑的童年；有的人幻想自己能远离家庭生活中一地鸡毛的琐碎事务，远离父母、孩子殷切的目光，回到宁静的小山村。但这些幻想注定会被现实打败。于是，他们最终陷入情绪低落、萎靡的怪圈中去，把一切不顺都归结为年龄等因素。

喜欢拿年龄当借口的人，骨子里对竞争十分恐惧。有人说："不是我非要强调年龄，可是你看看那些招聘启事里的年龄限制。"这确实是一种社会现象。雇主青睐年轻人，是因为年轻职员精力充沛、兴趣广泛，也不存在医疗卫生、退休保险等问题，可以为公司节省开支。可是，年龄不是限制我们成功的唯一因素，有志气的人在什么年龄都能成功。

职场竞争无比激烈、残酷，不是所有人都能承受这份压力。为了将自己内心深处那份恐惧、软弱合理化，很多人将目光盯准了与年龄息息相关的社会问题，潜意识里其实是想给自己找到托词。他们会这样劝服自己，"不是我不努力，毕竟年龄到了嘛""能怪我不争气吗，我都这个年纪了还拼什么"……归根结底还是一种逃避心理在作祟。

摩西奶奶76岁以前是美国弗吉尼亚州的普通农妇，76岁后，因为身体原因，她放弃了体力劳作并开始画画。80岁时，摩西奶奶在纽约举办了一场影响深远的画展。100岁时，她收到一位日本年轻人寄给她的信，信中，年轻人苦恼要不要去做自己喜欢的事。

摩西奶奶回信说："做你喜欢做的事，上帝会高兴地帮你打开成功的门，哪怕你已经80岁了。"年轻人听从摩西奶奶的劝说，义无反顾地投身到喜欢的事业中去，他就是日本大名鼎鼎的作家渡边淳一……

人到中年，就真的没有逆袭的机会了吗？

首先，不要盲目冲动。

想要脱离平庸，就一定要走稳每一步，每次下决心做出改变前，一定要做好准备。比如，你今年 30 岁，在国企上班多年，十分厌倦那种复杂的职场关系和无聊琐碎、一眼望得到头的生活，于是你特别想辞职。在行动之前，一定要衡量清楚转行或者换新环境所附带的各种成本，你要明白，若选择从头开始，你的起点将与那些大学毕业生毫无区别。

就像有人选择在 30 岁时放弃国企，加入互联网公司感受竞争和压力；有的人却选择从私企辞职，回家备考公务员。选择因人而异，总之，如果你不喜欢现在的工作，就大胆去尝试，而不要将年龄当作借口，掩饰自己的懦弱。记住，行动之前，做好周密计划。

其次，及时迈出第一步。

有的人 40 岁之前一直在为别人打工，后来却生起了创业的念头。他们一直犹豫不决，担心自己已经错过了创业的黄金年龄，就在犹豫纠结的过程中，他们错过了太多的机会。其实，做任何事情迈出第一步至关重要，光想不干，再好的计划都是纸上谈兵。

最后，你要懂得发挥你的年龄优势。

年轻有年轻的优势，变老也有变老的优势。人的智力分流体智力和晶体智力这两种，前者会随着年龄增大逐渐卜降，而后者却随着经验的累积逐步提高。现实生活中，那些大器晚成的例子比比皆是。很多中年人眼界开阔、阅历深厚、专业造诣极高，人脉资源也很广阔，相比年轻人，他们拥有的机会更多。充分发挥年龄优势，他们有很大概率去脱离平庸生活。

　　年龄不是你将就的借口。当你在生活的漩涡里挣扎的时候，记住，能拯救你的只有你自己。

5/ 设定有挑战性的目标

目标可以激发你的耐心和动力，让你不会轻易被挫折打败，它会增强你的组织计划能力，提高你的想象力和创造力。

为什么一定要设置有挑战性的目标？从心理学角度而言，我们可以从一个人为自己设置的目标中观测到他对自己能力的信任程度。心理学家称之为"自我效能"。自我效能越高的人，对自己能力信任度越高，这样的人倾向于为自己设置高挑战性的目标。

设置目标后，他们对待工作时，无论是努力的程度还是持续的时间都会大大增强。而在遭遇种种挫折、困难的时候，他们所能感受到的负面情绪却不会特别强烈。

但是，同样一个人，如果他并不信任自己的能力，相应的他在设置个人目标的时候会显得缩手缩脚，不愿意给自己太多压力。这样一来，即便他有能力做好的事情，也不一定会得到很好的结果，后期遭遇打击的时候，他的自信心会随之降到谷底。

综艺节目《奇葩说》的舞台上出现了这样一幕：蔡康永直言他很佩服罗振宇，因为他做了最难的事情。即"每天读一本书，再写成十分钟的稿子，然后用60秒语音告诉你，这本书在讲什么，连续十年不断"。蔡康永说："我觉得当初会说这句话的人，就是一个'疯子'，我认为他讲了一定不会负责任的。结果我们在《奇葩说》认识了以后，罗振宇跟我说，他这事情已经做了七年没有断过。"罗振宇却解释道："永远不要相信，一个胖子是有意志力的，虽然我做了这件事情，但绝对不是因为有意志力。"而他下一个目标，则是将跨年演讲做满二十年……

罗振宇为自己设置的高目标一定程度上增强了他的意志力，尽管他直言自己是个缺乏意志力的胖子。而他对于自己能力的自信使得他一步步顺利迈向成功的终点。

我们对自己能力的看法直接决定了我们设置目标的难易程度，这大大影响了我们的能力本身。每个人都有自己能力之内的舒适区，为自己设置低一点的目标，相当于待在舒适区里，你轻轻松松便能实现。但这又意味着你一定学不到太多东西，因为这些目标都在你能力范围之内。设定一个有挑战性的目标，就是要突破舒适圈，接受能力范围外的挑战，无论最后能否实现这个目标，在挑战自我的过程中，你的能力或多或少都会有所提升。

有挑战性的目标一定是"跳一跳、够得着"的，它会对我们产生最大的激励作用。举个例子，与踢足球相比，我们打篮球时想要投进一个球，要容易得多，这与篮球架的高度息息相关。它设置得恰到好处，需要我们积蓄能量然后奋勇一跳，刚好能够得着。

试想，如果一个篮球架只有一米的高度，进球会变得无比容易，但是你却丧失了打篮球的兴趣。如果一个篮球架有 10 米高，让你可望而不可即，这时候你根本连尝试投篮的勇气都没有。所以，一定要让你的目标具有一定的挑战性，却又是可操作的、够得着的。

一个具有激励意义的目标必须要具备三个条件：挑战性、可行性、明确性。设置目标的时候，可参考以下建议：

首先，写下定性的目标。

1. 以"提高、做到、创造"之类的动词开头，写下自己要做什么。

2. 加上对你而言很有挑战的程度。仔细盘查自己目前的能力和所拥有的资源，看看有什么是自己做不到的。

3. 以可达成的标准做修正。虽然在"有挑战"和"可达成"没有具体的量化方法，但是我们可以将"是否相信自己能做到"作为标准。

其次，运用"5 Why"法则验证目标是否合理。

连续向自己追问五个为什么，直到找出你的目标背后的动机及驱动力。如果发现目标设置得不合理，就去重新设置定性的目标，再重新进行验证。

再次，分解出定量的目标。

问自己：我达成的目标可以通过哪些指标去验证？再依照你工作时的实际情况，列下这些指标，并根据指标去分解出在一定期限内可衡量的量化目标。

最后，根据周期性的反馈不断刷新目标。

目标实行过程中，根据效果不断地调整目标。这样你实现起来会产生更好的自我效能感，也就有了更多动力去坚持下去。

其实，每个人的潜能都来自自我的强迫，如果你不逼迫自己努力工作，你永远也不知道自己有多优秀。自发地设置挑战性目标，能够帮助你更好地投入，并增强你面对困难的信心。

6/ 要像App更新那样，
不断升级自己的大脑

———————————

我们想要创造更大的价值，或者拥有更杰出的事业，过上更从容自在的生活，就必须推翻大脑里那些落后、无效的知识与概念，给大脑系统升级换代，积极重塑自我认知。

李笑来曾将大脑比作电脑，在他看来，电脑的操作系统、手机App等需要不断升级更新，人脑也是一样，我们每个人都需要不断打磨、升级大脑思维。

理由很简单，在我们小的时候，包括父母在内的所有人对我们的期待并不高。对于这一时期的我们来说，只要学着如何快乐成长就行，就像手机App，虽然一开始功能并不多，却已经足够满足我们的需求。等年纪渐长，无论是外界对我们的要求，还是我们自己对自己的要求，都变得越来越高，如果不去主动更新大脑系统，便无法应对来自方方面面的挑战。

正如手机里安装的 App 越来越多，我们必须不断升级、更新，才能给软件增添新功能，并保证软件稳定运行。否则，手机迟早会受不了，"卡壳"甚至"死机"。

科学研究表明，大脑拥有很多潜力，比如逻辑思维能力、记忆力、观察力、想象力、解决问题的能力等，这些能力构成了一个完整的大脑智商系统。可是，无论多好的硬件，操作系统、软件跟不上，便达不到预期的效果。不管你有多高的潜能、天赋，如果心智、思维能力等一直停留在原地，根本实现不了预期的目标。

《最强大脑》中国战队总队长王峰在大二之前是个很普通的少年，那时候，没有人将王峰与天才二字联系到一起。当时，王峰认为人的记忆能力是天生的，一个偶然机会却令他认识到记忆力是可以通过后天学习不断得以增强的。正因如此，王峰义无反顾地加入了武大记忆协会，并通过种种方法去锻炼自己的记忆能力。

以前记单词的时候，王峰总觉得很痛苦，因为他怎么也记不住，哪怕好不容易记住了，之后没过多长时间就忘了。掌握了正确的方法后，王峰的记忆能力直线上升。

研究证明，人类身体内部连接着无数的神经元，人类的智慧正由神经元间的相互作用而形成。想要更新大脑思维，就要不断地去训练这些神经元所连接的部位，促进神经元生长。可采取以下方法来不断升级我们的大脑：

首先，闲暇时间做一些数学题练习。

被称为天才少年的孙弈东，曾凭借着出众的智力水平闯入《最强大脑》12强。孙弈东从小虽然兴趣广泛，但对数学最感兴趣。孙弈东的母亲坦言："我儿子只是普通的孩子，只是比较擅长数学思维，对思考特别感兴趣。"

《认知迭代》这本书提到，十周左右的数学训练，能显著提升我们的数学能力，改善我们大脑的生理结构。你可以从一些很简单的数学题做起，慢慢建立信心，有一定的基础后，再不断增加题目的难度。

其次，学习一门新语言。

生活中那些会说两种语言的人，无论是逻辑思维能力还是执行力都高人一筹。对于我们普通人来说，游刃有余地掌握一门外语，除了能够帮助我们的职场之路越走越顺外，还能锻炼我们的意志力、行动力，让我们的头脑变得越来越灵活。

再次，玩益智游戏。

一些益智小游戏能帮助大脑神经重塑，比如拼图、猜谜语、玩桌游、打扑克牌等。当我们带着思考去玩耍的时候，我们大脑中神经细胞的回应方式会在潜移默化中发生转变。这个过程中，我们的情绪慢慢平复，我们大脑的记忆力、理解能力等都会得到显著提升。

最后，衷心希望看过这本书的人通过努力找到自身优势并充分发挥，在未来的人生路上不断创造辉煌，成为了不起的自己。